어떤 문제도 해결하는
사고력 수학 문제집

# 박학다식 문해력 수학

초등 1년 1단계

# 사고력+문해력 융합

## 수학 학습 프로그램

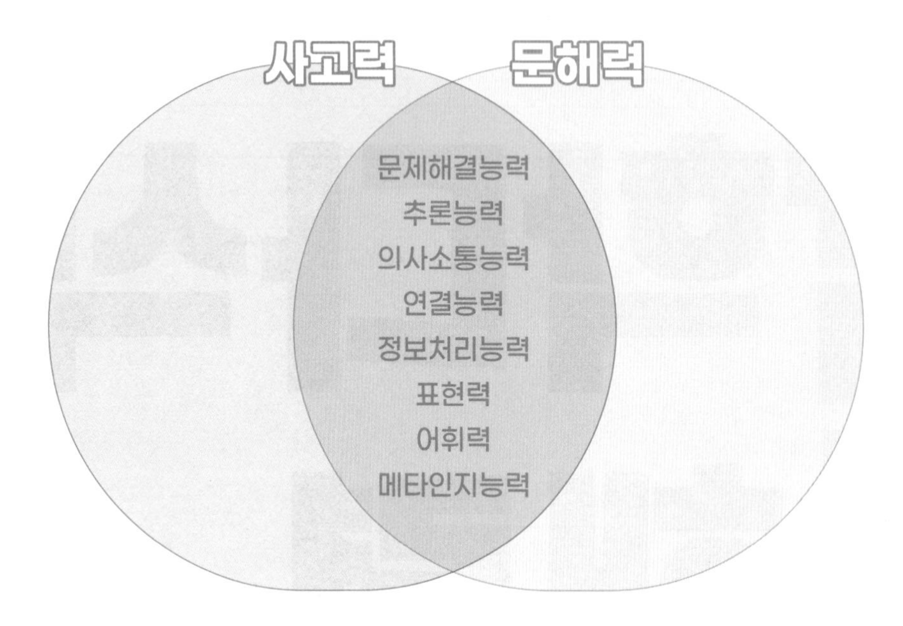


발행처 비아에듀 | 지은이 최수일·문해력수학연구팀 | 발행인 한상준 | 초판 1쇄 발행일 2023년 12월 22일
편집 김민정·강탁준·최정휴·손지원·허영범 | 기획 자문 박일(수학체험연구소장) | 삽화 김영화 | 디자인 조경규·김경희·이우현·문지현
주소 서울시 마포구 월드컵북로6길 97 | 전화 02-334-6123 | 홈페이지 viabook.kr

# 문해력이 수학 실력을 좌우합니다

지능 검사는 5개 영역에서 이루어집니다. 어휘적용, 언어추리, 산수추리, 수열추리, 도형추리입니다. 이 중에서 수학 실력과 가장 밀접한 상관관계를 갖는 영역은 무엇일까요? 많은 연구 결과, 수학과 직접적인 관계가 있는 산수추리나 수열추리, 도형추리보다 어휘적용과 언어추리가 수학 실력과의 상관관계가 더 높은 것으로 나타났습니다. '어휘적용'과 '언어추리'가 무엇일까요? 바로 문해력입니다. 문해력이 수학 실력을 좌우합니다.

문해력은 무엇일까요? 문해력은 글을 읽고 의미를 파악하고 이해하는 능력뿐만 아니라 중요한 정보나 사실을 찾고 연결하는 능력이며, 실생활에서 맞닥뜨리는 상황을 이해하고 해결하는 능력입니다. 이는 수학에서 요구하는 역량과도 맞닿아 있습니다. 2024년부터 적용되는 새로운 수학 교육과정은 문제해결, 추론, 의사소통, 연결, 정보처리의 5대 교과 역량을 기반으로 구성됩니다. 또한, 최근 세계적으로 우수한 인재를 위한 교육 프로그램으로 인정받고 있는 IB(International Baccalaureate) 프로그램에서도 사고력을 키워주는 역량 중심의 교육과정을 지향하고 있습니다. 초등수학 IB 프로그램은 위에서 언급한 역량을 키우기 위해 서술형, 논술형 문제를 통해 설명하기(프리젠테이션)와 글쓰기 공부를 강조하고 있습니다.

지식과 정보가 폭발적으로 증가하는 사회에 능동적으로 대응할 수 있는 역량을 갖추는 공부가 절실히 필요한 때입니다. 수학 개념을 정확하고 논리적으로 설명할 줄 아는 공부야말로 미래를 준비하고, 대처할 수 있는 능력을 키워 줄 수 있습니다. 『박학다식 문해력 수학』은 수학 교육과정에서 요구하는 5대 역량과 '설명하기'를 통해 학생이 개념을 충분히 인지하였는지를 알 수 있는 메타인지능력, 그리고 문해력을 동시에 키울 수 있는 교재입니다.

이 책과 함께 성장하는 여러분의 미래를 응원합니다.

# 빅학다식 문해력 수학 사용설명서

## step 1

### 내비게이션

교과서의 교육과정과
학습 주제를 확인해 보세요.
문제에 집중하다 보면
길을 잃기도 하거든요.
내가 공부하고 있는 위치를
확인하는 습관을 지녀보세요.

02 수의 순서
9까지의 수



### 만화

만화는 뒤에 나오는
'수학 문해력'과 연결이 돼요. 만화를 보며 해당 학습 주제에 대해 상상해 보세요.
그리고 이 주제를 '왜' 배워야 하는지 생각해 보세요.

### 30초 개념

수학은 '뜻(정의)'과 '성질'이
중요한 과목입니다.
꼭 알아야 할 핵심만
정리해 한눈에 개념을
이해할 수 있어요.

1 30초 개념

| 하나 | 둘 | 셋 | 넷 | 다섯 | 여섯 | 일곱 | 여덟 | 아홉 |
|---|---|---|---|---|---|---|---|---|
| 1 | 2 | 3 | 4 | 5 | 6 | 7 | 8 | 9 |
| 첫째 | 둘째 | 셋째 | 넷째 | 다섯째 | 여섯째 | 일곱째 | 여덟째 | 아홉째 |

- 수의 순서를 생각할 때 어떤 수를 기준으로 1 큰 수와 1 작은 수를 정할 수 있습니다.
- 3을 기준으로 1 작은 수는 2이고, 1 큰 수는 4입니다.
- 아무것도 없는 것을 0이라 쓰고 영이라고 읽습니다.

### 개념연결

수학의 개념은 전 학년에 걸쳐
모두 연결되어 있어요. 지금
배우는 개념이 이해가 되지
않는다면 이전 개념으로 돌아가
다시 확인해 보세요. 그리고 다음에는 어떤 개념으로 연결되는지도 꼭 확인하세요.

개념연결

누리과정 수 세기 → 1-1 1부터 9까지 세고 쓰기 → 1-1 수의 순서 → 1-1 수의 크기 비교

## step 2

매일 한 주제씩 꾸준히 공부하는 습관을 키워 보세요.
'빨리'보다는 '정확하게' 학습 내용을 이해하는 것이 중요합니다.

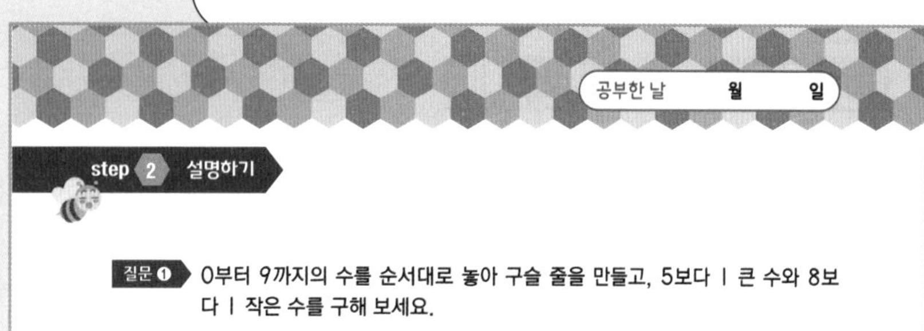


질문 ❶ 0부터 9까지의 수를 순서대로 놓아 구슬 줄을 만들고, 5보다 1 큰 수와 8보다 1 작은 수를 구해 보세요.

설명하기 0 1 2 3 4 5 6 7 8 9

순서대로 나타낸 구슬 줄에서 앞의 수가 1 작은 수, 뒤의 수가 1 큰 니다. 5보다 1 큰 수는 6이고, 8보다 1 작은 수는 7입니다.

### 설명하기

'30초 개념'을 질문과 설명의 형식으로 쉽고 자세하게 풀어놨어요.

1보다 1 작은 수는 무엇인지 구해 보세요.

설명하기 구슬 줄에서 보면 1보다 1 작은 수는 0입니다.

- 이렇게 공부해 보세요!
1. 무엇을 묻는 질문인지 이해한다.
2. '설명하기'를 소리 내어 읽는다.
3. 친구에게 설명한다.
4. 손으로 직접 써서 정리한다.

개 있는 상태에서 1개가 줄어들면 아무것도 없는 0이 됩니다.
- 밥이 1숟가락 남았을때 1숟가락을 먹으면 아무것도 없는 0이 됩니다.
- 공책이 1장 남았을때 오늘 공부하는 데 1장을 쓰면 아무것도 없는 0이 됩니다.
- 그릇에 딸기가 3개 있을때 1개를 먹으면 2개가 되고 또 1개를 먹으면 1개가 되고 또 1개를 먹으면 아무것도 없는 0이 됩니다.

이 과정을 거치게 되면 초등수학의 모든 개념을 정복할 수 있어요.

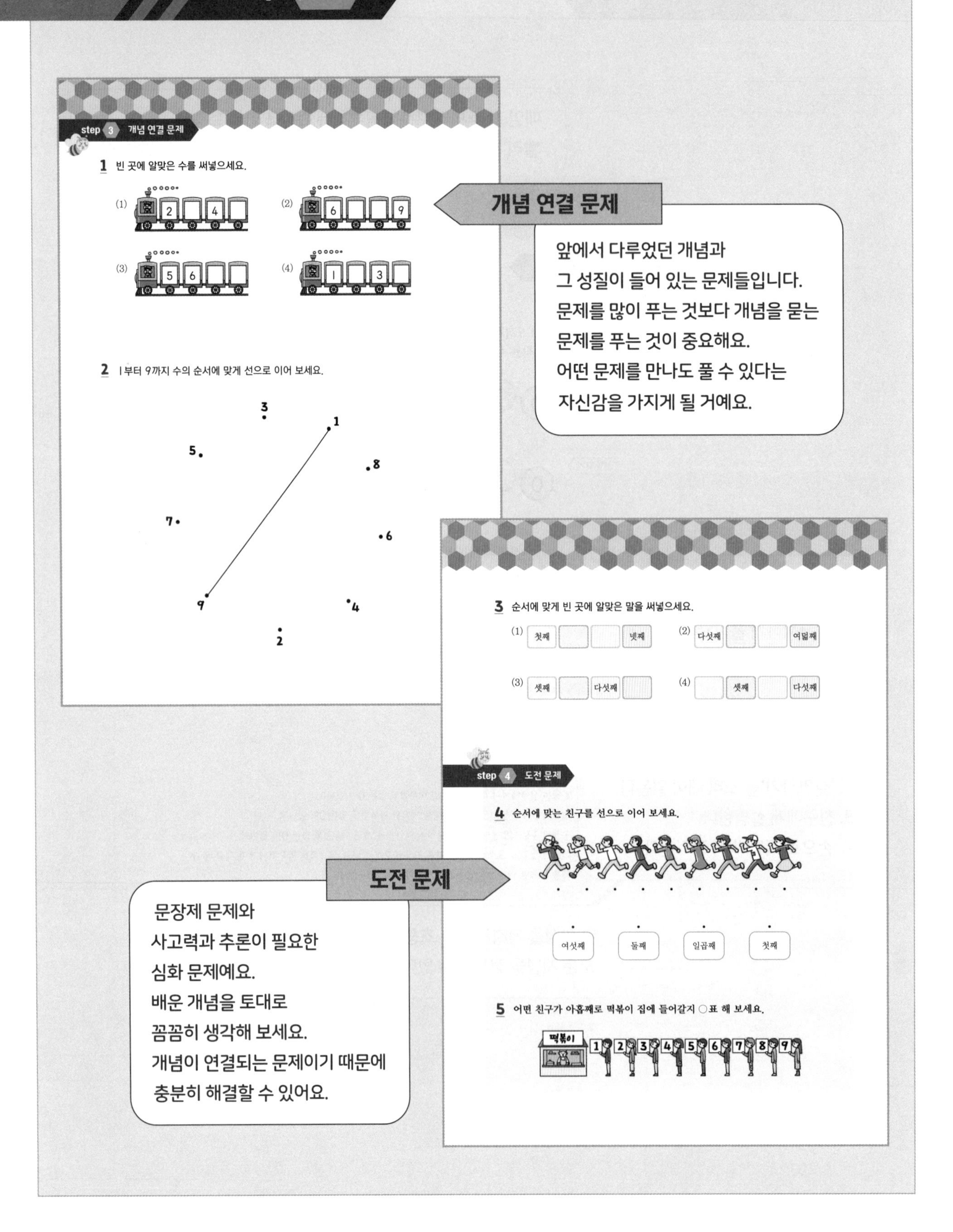
step 3-4
step 3 개념 연결 문제
1 빈 곳에 알맞은 수를 써넣으세요.
2 1부터 9까지 수의 순서에 맞게 선으로 이어 보세요.
개념 연결 문제
앞에서 다루었던 개념과
그 성질이 들어 있는 문제들입니다.
문제를 많이 푸는 것보다 개념을 묻는
문제를 푸는 것이 중요해요.
어떤 문제를 만나도 풀 수 있다는
자신감을 가지게 될 거예요.
3 순서에 맞게 빈 곳에 알맞은 말을 써넣으세요.
step 4 도전 문제
4 순서에 맞는 친구를 선으로 이어 보세요.
여섯째
둘째
일곱째
첫째
5 어떤 친구가 아홉째로 떡볶이 집에 들어갈지 ○표 해 보세요.
떡볶이
도전 문제
문장제 문제와
사고력과 추론이 필요한
심화 문제예요.
배운 개념을 토대로
꼼꼼히 생각해 보세요.
개념이 연결되는 문제이기 때문에
충분히 해결할 수 있어요.

## step 5

step 5 수학 문해력 기르기

### 차례를 지켜요

### 수학 문해력 기르기

설명문, 논설문, 신문 기사,
동화, 만화 등 다양한 분야의
읽을거리를 읽어 보세요.
긴 문장을 읽고 문제의 핵심을
파악하는 능력을 기를 수 있어요.

**1** 만화에 나오는 장소를 고르세요. (        )

① 운동장 ② 급식실 ③ 보건실
④ 교무실 ⑤ 화장실

**2** 가을이가 끼어들었을 때 먼저 줄을 서 있던 친구의 기분으로 알맞은 것을 고르세요. (        )

① 기쁨 ② 행복함 ③ 화남
④ 뿌듯함 ⑤ 신남

**3** 가을이가 끼어들었을 때, 점심을 먹는 순서로 알맞은 것을 고르세요. (        )

① 셋째 ② 둘째 ③ 다섯째
④ 첫째 ⑤ 넷째

**4** 가을이가 올바르게 줄을 섰을 때, 점심을 먹는 순서로 알맞은 것을 고르세요. (        )

① 셋째 ② 둘째 ③ 여섯째
④ 첫째 ⑤ 다섯째

읽을거리 안에는 앞서 배운
개념을 묻는 문제가 있어요.
문제를 푸는 과정에서
어휘력과 독해력을 키우고,
읽을거리에 담겨 있는 지식과
정보도 얻을 수 있답니다.
수학 개념과 읽기 능력,
두 마리 토끼를 잡아 보세요.

# 박학다식 문해력 수학 초등 1-1단계

## 1단원 | 9까지의 수



## 2단원 | 여러 가지 모양



## 3단원 | 덧셈과 뺄셈

## 4단원 | 비교하기



## 5단원 | 50까지의 수

# 01 9까지의 수

## 1부터 9까지 세고 쓰기

## step 1 30초 개념

• 1부터 9까지 세기와 쓰기

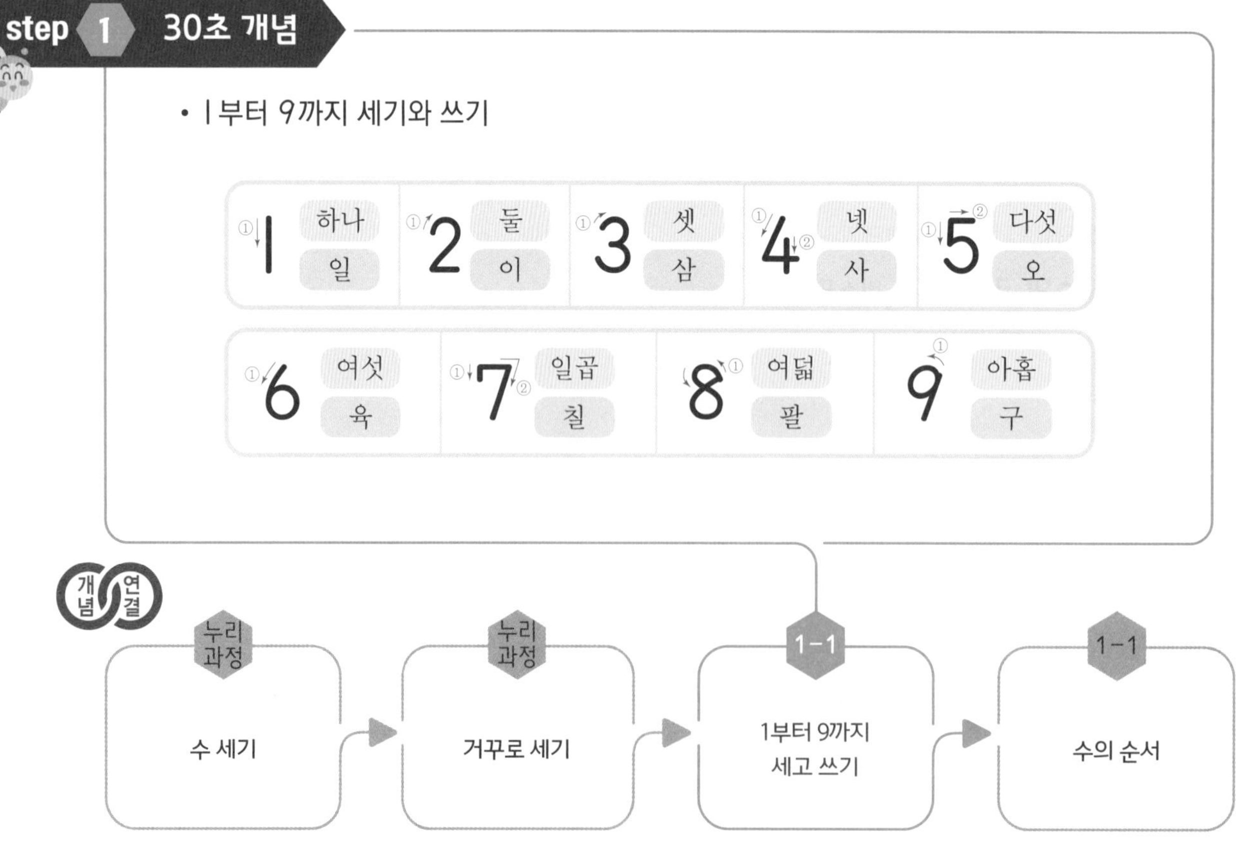

## step 2 설명하기

**질문 ❶** 교실이나 집 주변의 물건의 개수가 수 1~9와 맞는 것을 찾아서 써 보세요.

**설명하기** 교실이나 우리 집 주변과 마을에는 여러 가지 물건이 있답니다. 주변에 있는 물건을 세어서 수로 나타낼 수 있습니다.

1: 선생님, 칠판, 내 가방, 거울, 화장실, 아버지, 어머니, 자동차
2: 출입문, 나와 내 짝, 옆집 쌍둥이, 마을 분수대
3: 한 줄에 놓인 사물함, 등산로, 경운기, 화분
4: 우리 모둠 인원, 우리 모둠 책상과 의자, 식탁 의자, 내 친구들
5: 공깃돌, 내 신발, 누나 친구들, 우산
6: 우리 모둠 책상과 의자, 내 방의 서랍장 칸
7: 내 사물함 속의 교과서, 부엌의 숟가락, 내 양말
8: 친구랑 모은 딱지, 시장의 이동식 판매대, 우리 가족 눈의 합
9: 내 필통의 학용품, 버스 정류장에 줄 서 있는 사람

**질문 ❷** 수를 바르게 읽어 보세요.

(1) 1학년 4반 (2) 4월 11일 (3) 연필 5자루

**설명하기** (1) 1학년 4반은 '일(1) 학년 사(4) 반'으로 읽습니다.
(2) 4월 11일은 '사(4) 월 십일(11) 일'이라고 읽습니다.
(3) 연필 5자루는 '다섯 자루'로 읽습니다.

## step 3 개념 연결 문제

**1** 관계있는 것끼리 선으로 이어 보세요.

| | | |
|---|---|---|
| 하나 • | • 삼 • | • 5 |
| 셋 • | • 일 • | • 3 |
| 다섯 • | • 구 • | • 1 |
| 아홉 • | • 오 • | • 9 |

**2** 수가 같은 것을 선으로 연결하고 알맞은 수를 써 보세요.

| / | /// | // | 卌 | //// |
|---|---|---|---|---|
| (　　) | (　　) | (　　) | (　　) | (　　) |

**3** 손가락 수를 세어 □ 안에 알맞은 수를 써 보세요.

(1)  ➡ □　　(2)  ➡ □

(3) 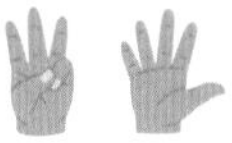 ➡ □　　(4)  ➡ □

## step 4 도전 문제

**4** 보기 와 같이 알맞게 써 보세요.

보기

우리 집은 ( 3 , 삼 ) 층입니다.

(1)  9 내가 타는 버스는 ( , ) 번 버스입니다.

(2)  7 이 지하철은 ( , ) 호선입니다.

(3) 3  이번 달은 ( , ) 월입니다.

(4)  사과는 모두 ( , ) 개 입니다.

**5** 색칠된 칸을 세어 수를 쓰거나 주어진 수만큼 색칠해 보세요.

(1) 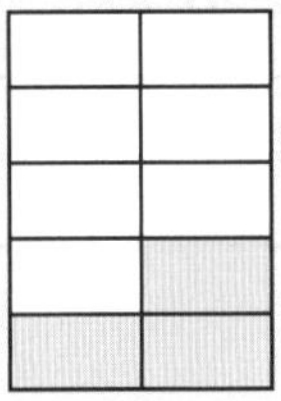 ( )　(2) 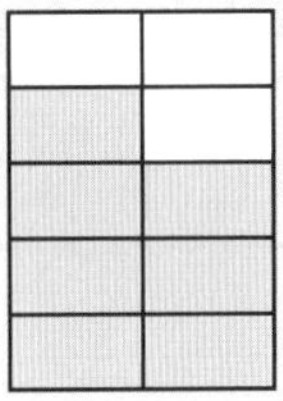 ( )　(3) 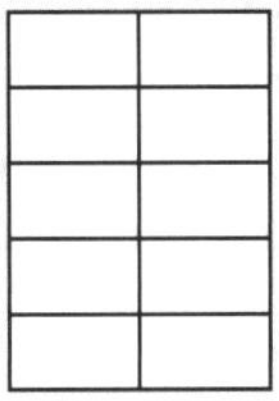 5　(4) 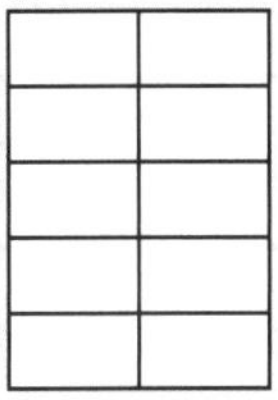 1

# 그림일기

날짜 3 월 5 일 수 요일

오늘 친구들과 공기놀이하는 법을 배웠다. 공기놀이는
돌멩이처럼 작은 공깃돌 5개를 가지고 위로 던지거나
받거나 하는 놀이이다. 우리 모둠 4명의 친구와 순서를
지키면서 놀이를 했다. 처음에는 공깃돌이 잘 안 잡혀서
속상했다. 내 차례가 되면 가슴이 쿵쾅대고 손에 땀이
삐질삐질 났다. 그런데 여러 번 하니까 점점 공깃돌을
2개씩, 3개씩 잡는 게 쉬워졌다. 오늘은 1등을 하지는
못했지만 계속 연습해서 다음에는 공깃돌을 더 잘
잡아봐야겠다.

**1** 이 일기를 쓴 아이가 일기를 쓴 날에 한 놀이는? (　　　　)

① 고무줄놀이　　② 공기놀이　　③ 숨바꼭질
④ 축구　　⑤ 줄넘기

**2** 3월 5일 수요일의 날씨는? (　　　　)

① 눈이 옴　　② 비가 옴　　③ 구름이 가득 낌
④ 맑음　　⑤ 태풍이 붊

**3** 공기놀이를 할 때 공기알은 모두 몇 개가 필요한가요? (　　　　)

① 1개　　② 2개　　③ 3개
④ 4개　　⑤ 5개

**4** 일기를 읽고 알맞지 않은 것을 고르세요. (　　　　)

① 오늘 공기놀이하는 법을 배웠다.
② 친구들과 순서를 지키면서 놀이를 했다.
③ 모둠 친구들과 공기놀이를 했다.
④ 처음에 공깃돌을 잡는 게 쉽지 않았다.
⑤ 공기놀이에서 1등을 했다.

**5** 일기를 소리 내어 읽으려고 합니다. 밑줄 친 수를 알맞게 읽은 것에 ○표 해 보세요.

(1) 공기놀이는 돌멩이처럼 작은 공깃돌 5 ( 다섯 , 오 ) 개를 가지고 위로 던지거나 받거나 하는 놀이이다.
(2) 우리 모둠 4 ( 네 , 사 ) 명의 친구와 순서를 지키면서 놀이를 했다.
(3) 오늘은 1 ( 하나 , 일 ) 등을 하지는 못했지만 계속 연습해서 다음에는 공깃돌을 더 잘 잡아 봐야겠다.

02 수의 순서

9까지의 수

## step 1 30초 개념

| 하나 | 둘 | 셋 | 넷 | 다섯 | 여섯 | 일곱 | 여덟 | 아홉 |
|---|---|---|---|---|---|---|---|---|
| 1 | 2 | 3 | 4 | 5 | 6 | 7 | 8 | 9 |
| 첫째 | 둘째 | 셋째 | 넷째 | 다섯째 | 여섯째 | 일곱째 | 여덟째 | 아홉째 |

- 수의 순서를 생각할 때 어떤 수를 기준으로 1 큰 수와 1 작은 수를 정할 수 있습니다.
- 3을 기준으로 1 작은 수는 2이고, 1 큰 수는 4입니다.
- 아무것도 없는 것을 0이라 쓰고 영이라고 읽습니다.

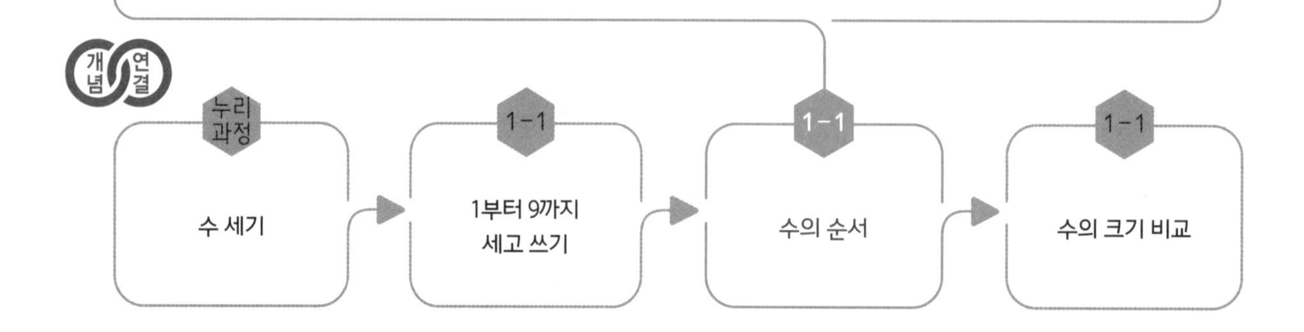

## step 2 설명하기

**질문 ❶** 0부터 9까지의 수를 순서대로 놓아 구슬 줄을 만들고, 5보다 1 큰 수와 8보다 1 작은 수를 구해 보세요.

**설명하기** 0 1 2 3 4 5 6 7 8 9

수를 순서대로 나타낸 구슬 줄에서 앞의 수가 1 작은 수, 뒤의 수가 1 큰 수입니다. 5보다 1 큰 수는 6이고, 8보다 1 작은 수는 7입니다.

**질문 ❷** 1보다 1 작은 수는 무엇인지 구해 보세요.

**설명하기** 구슬 줄에서 보면 1보다 1 작은 수는 0입니다.

1개 있는 상태에서 1개가 줄어들면 아무것도 없는 0이 됩니다.

— 밥이 1숟가락 남았을때 1숟가락을 먹으면 아무것도 없는 0이 됩니다.

— 공책이 1장 남았을때 오늘 공부하는 데 1장을 쓰면 아무것도 없는 0이 됩니다.

— 그릇에 딸기가 3개 있을때 1개를 먹으면 2개가 되고 또 1개를 먹으면 1개가 되고 또 1개를 먹으면 아무것도 없는 0이 됩니다.

step 3 개념 연결 문제

**1** 빈 곳에 알맞은 수를 써넣으세요.

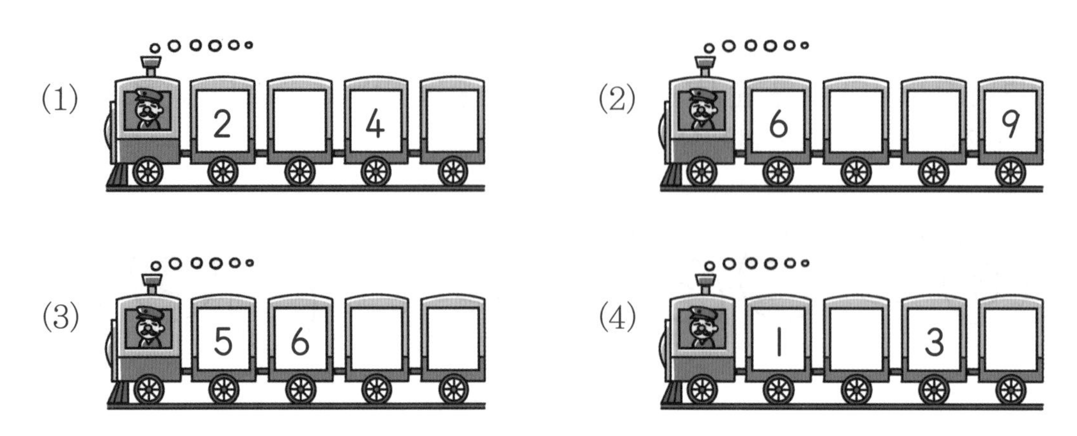


**2** 1부터 9까지 수의 순서에 맞게 선으로 이어 보세요.

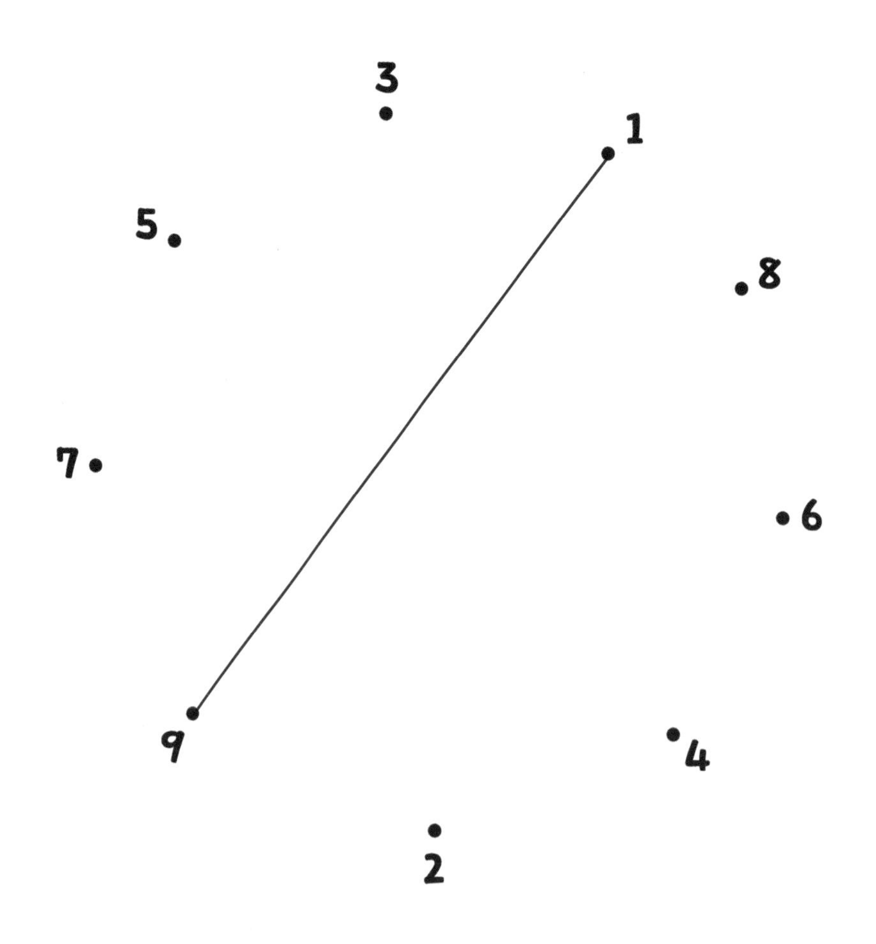

**3** 순서에 맞게 빈 곳에 알맞은 말을 써넣으세요.

(1)

| 첫째 | | | 넷째 |
|---|---|---|---|

(2)

| 다섯째 | | | 여덟째 |
|---|---|---|---|

(3)

| 셋째 | | 다섯째 | |
|---|---|---|---|

(4)

| | 셋째 | | 다섯째 |
|---|---|---|---|

**4** 순서에 맞는 친구를 선으로 이어 보세요.

**5** 어떤 친구가 아홉째로 떡볶이 집에 들어갈지 ○표 해 보세요.

# 차례를 지켜요

급식실
와! 점심시간이다.
어, 우리 줄 서 있잖아. 차례대로 먹어야지!

가을아, 모두가 가을이처럼 끼어든다면 어떤 일이 벌어질지 생각해 보자!
...

아! 먼저 온 친구가 먼저 먹도록 하는 게 차례를 지키는 거예요!

참 잘했어! 이렇게 다치지 않고 안전하게 학교생활을 할 수 있게 약속한 것을 규칙이라고 한단다.

**1** 만화에 나오는 장소를 고르세요. (　　　)

① 운동장　② 급식실　③ 보건실
④ 교무실　⑤ 화장실

**2** 가을이가 끼어들었을 때 먼저 줄을 서 있던 친구의 기분으로 알맞은 것을 고르세요.
(　　　)

① 기쁨　② 행복함　③ 화남
④ 뿌듯함　⑤ 신남

**3** 가을이가 끼어들었을 때, 점심을 먹는 순서로 알맞은 것을 고르세요. (　　　)

① 셋째　② 둘째　③ 다섯째
④ 첫째　⑤ 넷째

**4** 가을이가 올바르게 줄을 섰을 때, 점심을 먹는 순서로 알맞은 것을 고르세요.
(　　　)

① 셋째　② 둘째　③ 여섯째
④ 첫째　⑤ 다섯째

# 03 수의 크기 비교

9까지의 수

## step 1 30초 개념

- 물건의 수를 비교할 때는 '많다', '적다'라는 말을 사용합니다.
- 수를 비교할 때는 '크다', '작다'라는 말을 사용합니다.

- 3은 4보다 1 작은 수, 5는 4보다 1 큰 수입니다.

개념 연결

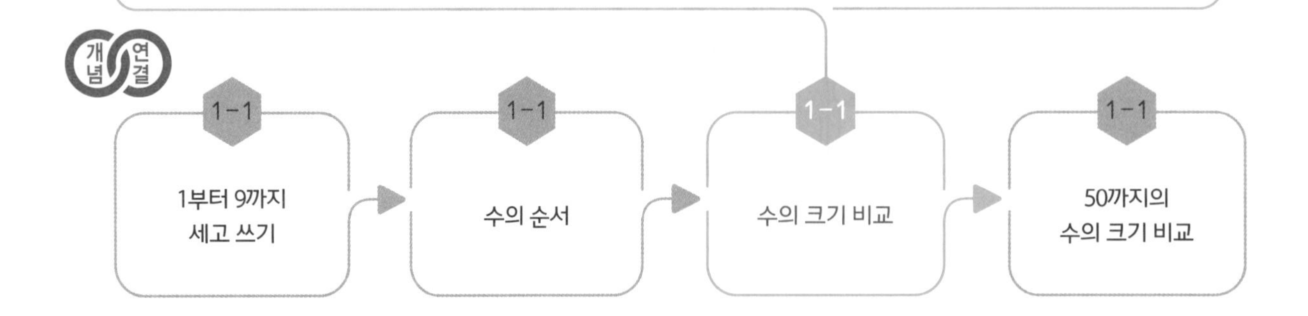

질문 ❶ 0부터 9까지의 수를 순서대로 놓은 구슬 줄을 이용하여 4와 8의 크기를 비교해 보세요.

설명하기 수를 순서대로 나타낸 구슬 줄에서 앞의 수가 1 작은 수, 뒤의 수가 1 큰 수입니다.
구슬 줄에서 왼쪽에 있는 수는 오른쪽에 있는 수보다 작습니다.
구슬 줄에서 오른쪽에 있는 수는 왼쪽에 있는 수보다 큽니다.
따라서 4는 8보다 작고 8은 4보다 큽니다.

질문 ❷ 세 수의 크기를 비교해 보세요.

8, 2, 5

설명하기 구슬 줄에서 세 수는 왼쪽에서부터 차례로 2, 5, 8의 순서대로 놓여 있으므로 세 수 중 가장 큰 수는 8이고, 가장 작은 수는 2입니다.

**1** 큰 수부터 순서대로 써 보세요.

5 7 3 2 8

( )

**2** 알맞은 말에 ○표 해 보세요.

(1) 4는 7보다 ( 큽니다 , 작습니다 ).

(2) 5는 1보다 ( 큽니다 , 작습니다 ).

**3** □ 안에 알맞은 수를 써넣으세요.

(1) 1보다 1 큰 수는 □입니다.

(2) 3보다 1 큰 수는 □입니다.

**4** 5보다 큰 수를 모두 찾아 ○표 해 보세요.

8 6 5 2

1 7 3 9 4

**5** 쌓기나무 개수보다 1 큰 수를 □ 안에 써 보세요.

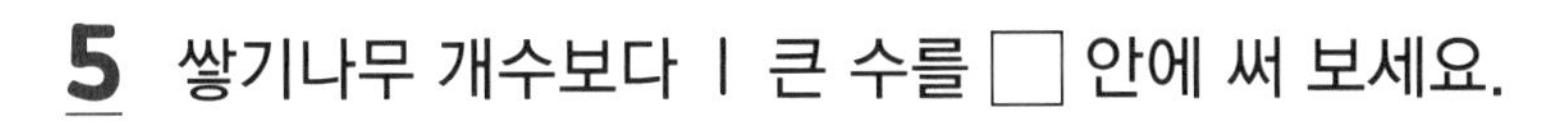

(1) 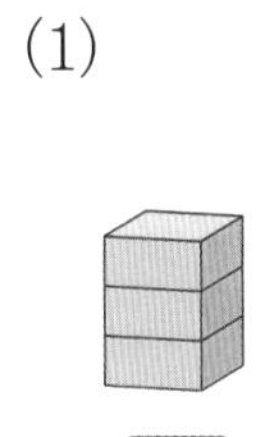
□

(2) 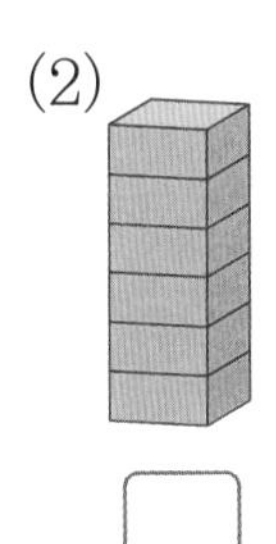
□

(3) 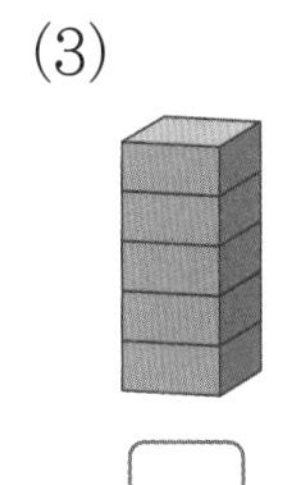
□

(4) 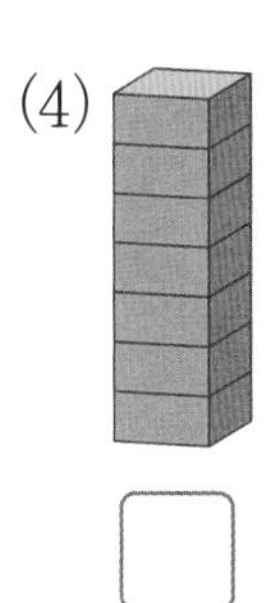
□

**6** 구슬의 개수보다 1 작은 수를 □ 안에 써넣으세요.

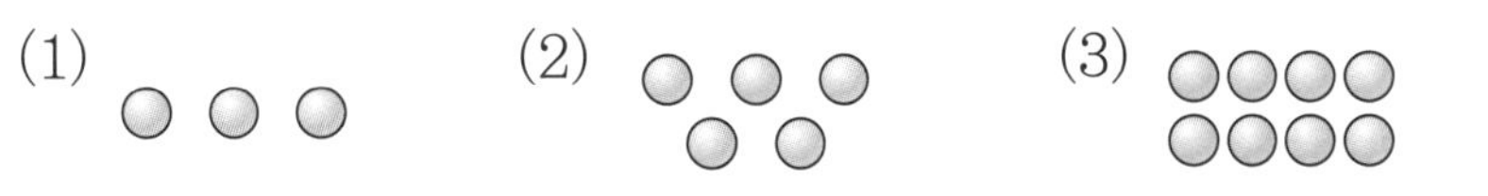

(1) 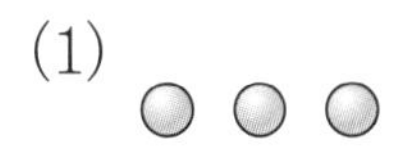

(2) 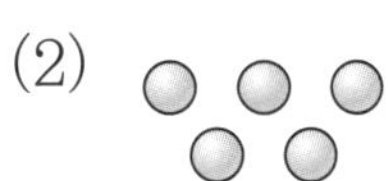

(3)
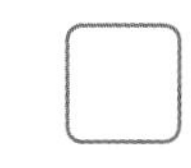

(4) 
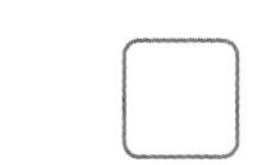

**7** 4보다 크고, 8보다 작은 수를 모두 찾아 큰 수부터 순서대로 써 보세요.

| 2 | 3 | 4 | 9 |
|---|---|---|---|
| 1 | 8 | 7 | 5 |

( )

**8** 가장 큰 수에 ○표, 가장 작은 수에 △표 해 보세요.

| 6 | 2 | 7 |
|---|---|---|

# 여러 모양의 씨앗

봄에 씨앗을 심으면 파릇파릇 새싹이 돋아나서 여름에는 멋진 초록색 세상이 돼요. 씨앗이란 자라서 곡식이나 채소가 될 수 있는 작은 알맹이를 말해요. 씨앗을 땅에 심어 물을 주고 햇빛을 받게 하면 무럭무럭 자라난답니다. 오늘은 다양한 씨앗의 모양을 관찰해 봐요.

씨앗은 식물의 종류에 따라 모양과 색깔이 달라요. 여름에 맛있게 먹는 옥수수의 씨앗은 바로 옥수수 알이랍니다. 고기를 싸 먹는 상추의 씨앗은 뾰족하고 작아요. 화려한 나팔꽃은 검은색의 씨앗을 가지고 있어요. 고추는 아삭 하고 깨물었을 때 안에 보이는 작은 노란색 알맹이가 바로 씨앗이랍니다. 봉숭아는 여름에 손톱을 예쁘게 물들일 수 있는 꽃잎을 가지고 있지요. 봉숭아의 씨앗은 씨주머니를 톡 터트리면 나오는 작고 검은 알갱이예요. 분꽃의 씨앗은 봉숭아의 씨앗보다 조금 더 크고 딱딱해요. 분꽃의 씨앗 안에는 하얀 가루가 들어 있답니다.

▲옥수수 ▲상추 ▲나팔꽃

▲고추 ▲봉숭아 ▲분꽃

**1** 씨앗은 주로 언제 심는지 ○표 해 보세요.

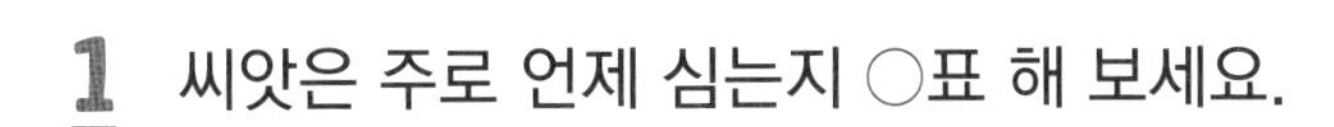

봄　　여름　　가을　　겨울

**2** 글에서 소개하지 <u>않은</u> 씨앗은 무엇인지 고르세요. (　　　　)

① 옥수수 씨앗　② 상추 씨앗　③ 수박 씨앗
④ 봉숭아 씨앗　⑤ 고추 씨앗

[3~4] 씨앗 사진을 보고 물음에 답하세요.

**3** 씨앗의 개수를 세어서 써 보세요.

옥수수 (　　　　)개,　상추 (　　　　)개,　나팔꽃 (　　　　)개,
고추 (　　　　)개,　봉숭아 (　　　　)개,　분꽃 (　　　　)개

**4** 씨앗의 수가 많은 것부터 차례대로 식물의 이름을 써 보세요.

# 04 여러 가지 모양

## 입체도형 분류와 설명하기

## step 1 30초 개념

• 교실이나 생활 주변에 있는 물건을 찾아 (상자 모양), (둥근 기둥 모양), (공 모양) 모양으로 분류할 수 있습니다.

— 지우개, 상자, 사물함 등 → (상자 모양) 모양

— 딱풀, 둥근 기둥, 휴지통, 깡통 등 → (둥근 기둥 모양) 모양

— 공, 사탕, 구슬 등 → (공 모양) 모양

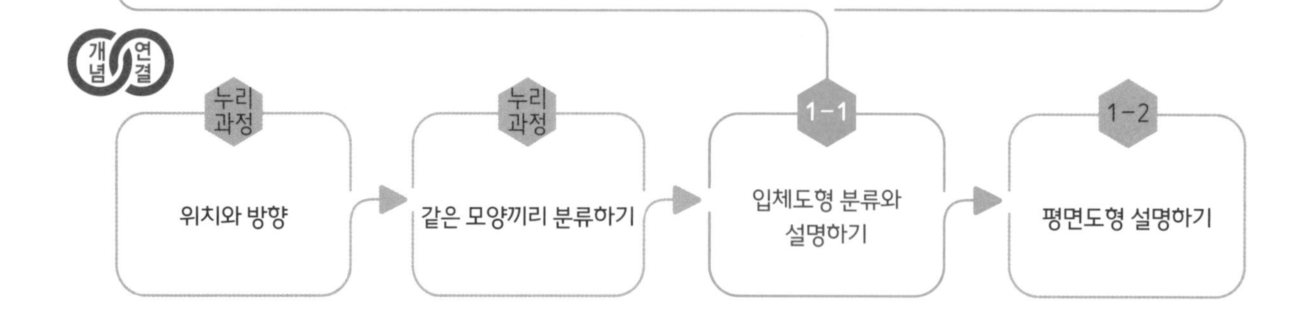

## step 2 설명하기

**질문 ❶** 모양의 특징을 설명해 보세요.

설명하기 모양은 다음과 같은 특징을 가지고 있습니다.

— 평평하여 굴러가지 않는다.
— 어디서 보아도 네모난 모양을 하고 있다.
— 모서리가 뾰족하다.
— 어느 면으로든 잘 쌓을 수 있다.

**질문 ❷** 모양과 모양의 특징을 각각 설명해 보세요.

설명하기 모양은 다음과 같은 특징을 가지고 있습니다.

— 둥근 모양을 가지고 있다.
— 옆으로 굴리면 잘 굴러간다.
— 위아래가 납작한 모양으로는 굴러가지 않아 쌓을 수 있다.

모양은 다음과 같은 특징을 가지고 있습니다.

— 모든 면이 둥글다.
— 항상 잘 굴러간다.
— 쌓기가 곤란하다.

## step 3 개념 연결 문제

**1** 같은 모양을 선으로 이어 보세요.

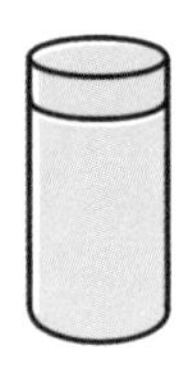 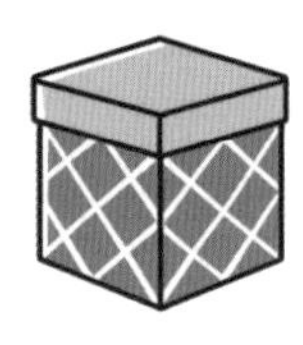  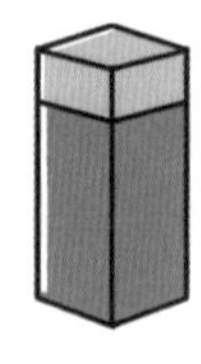  

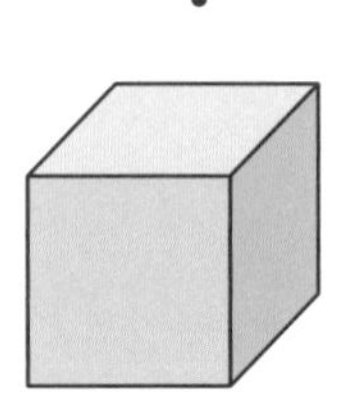 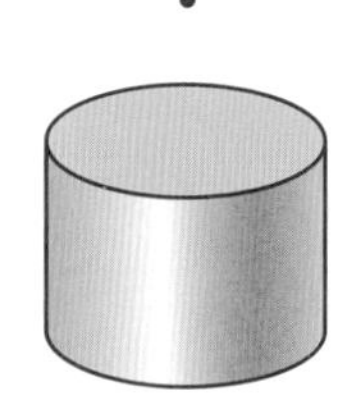 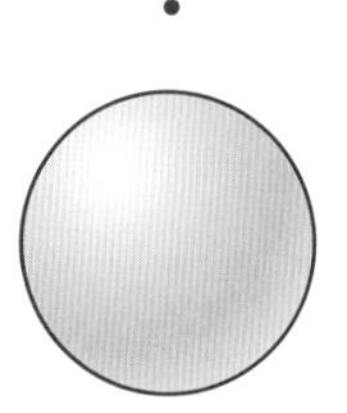

**2** 모양이 와 같은 물건을 골라 ○표 해 보세요.

   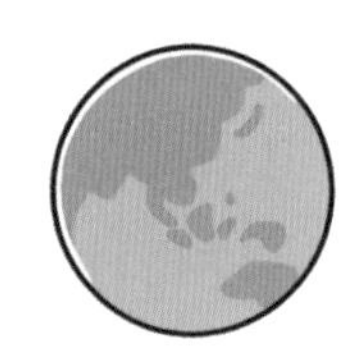  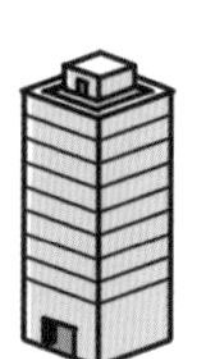

**3** 친구가 설명하는 도형에 ○표 해 보세요.

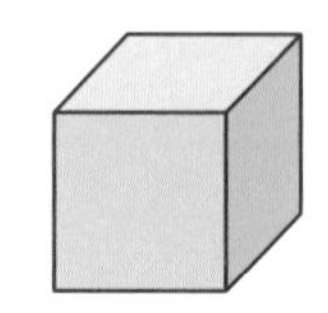 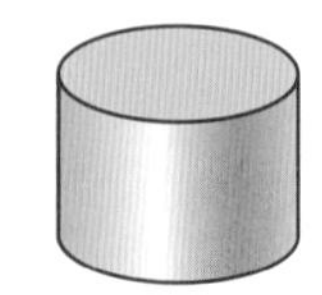 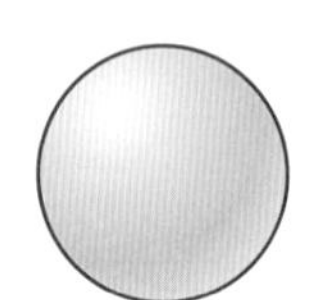

**4** □, □, ○ 모양은 각각 몇 개인지 써 보세요.

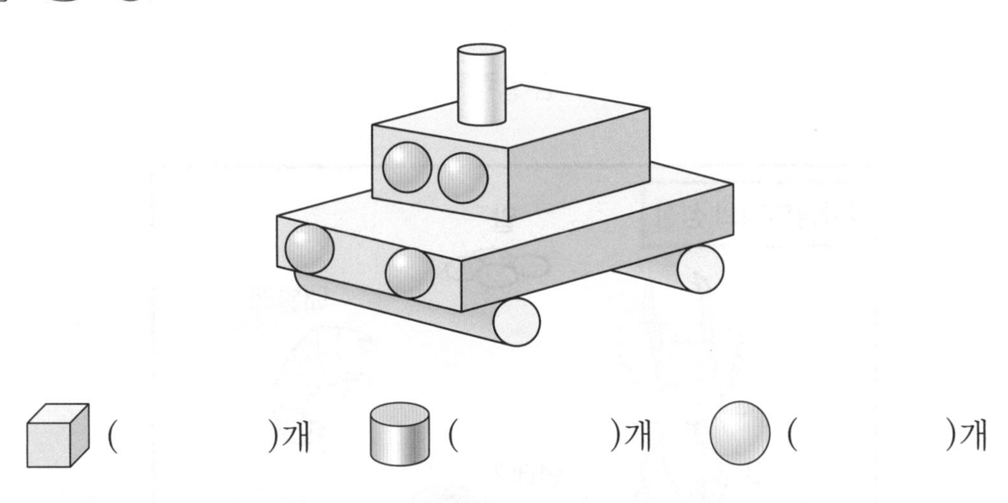

□ (　　　)개 □ (　　　)개 ○ (　　　)개

**5** 어떤 모양일지 선으로 이어 보세요.

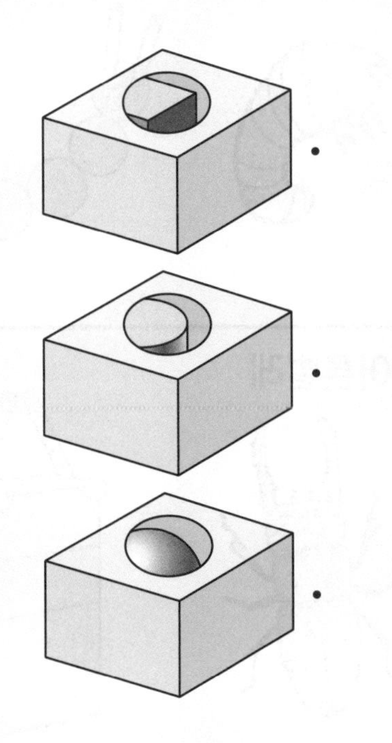

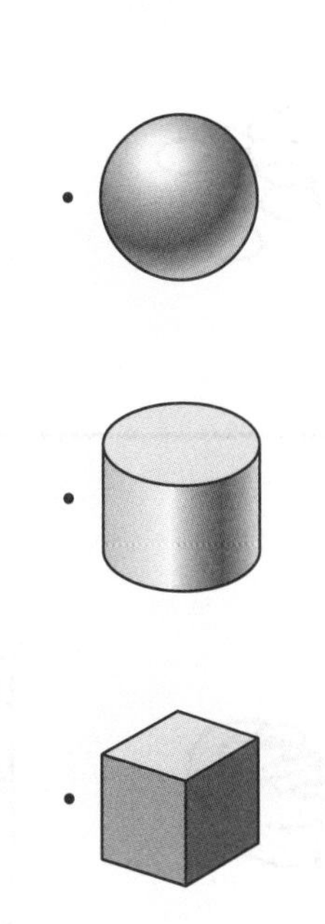

# 곤충 만들기

우리 주변에는 크고 작은 곤충들이 있어요. 때로는 무서워 보이기도 하지만, 곤충은 꽃이 피게 도와주기도 하고, 무성한 숲을 만들어 주기도 한답니다. 그중 사슴벌레는 여름에 쉽게 볼 수 있는 곤충이에요. 사슴벌레는 알에서 애벌레, 번데기, 어른벌레 순서로 변화한답니다. 도형을 이용하여 사슴벌레가 변하는 모습을 만들어 봐요.

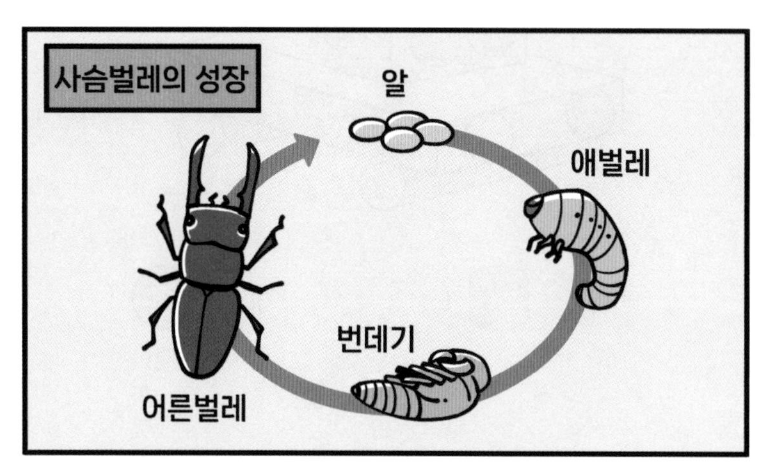


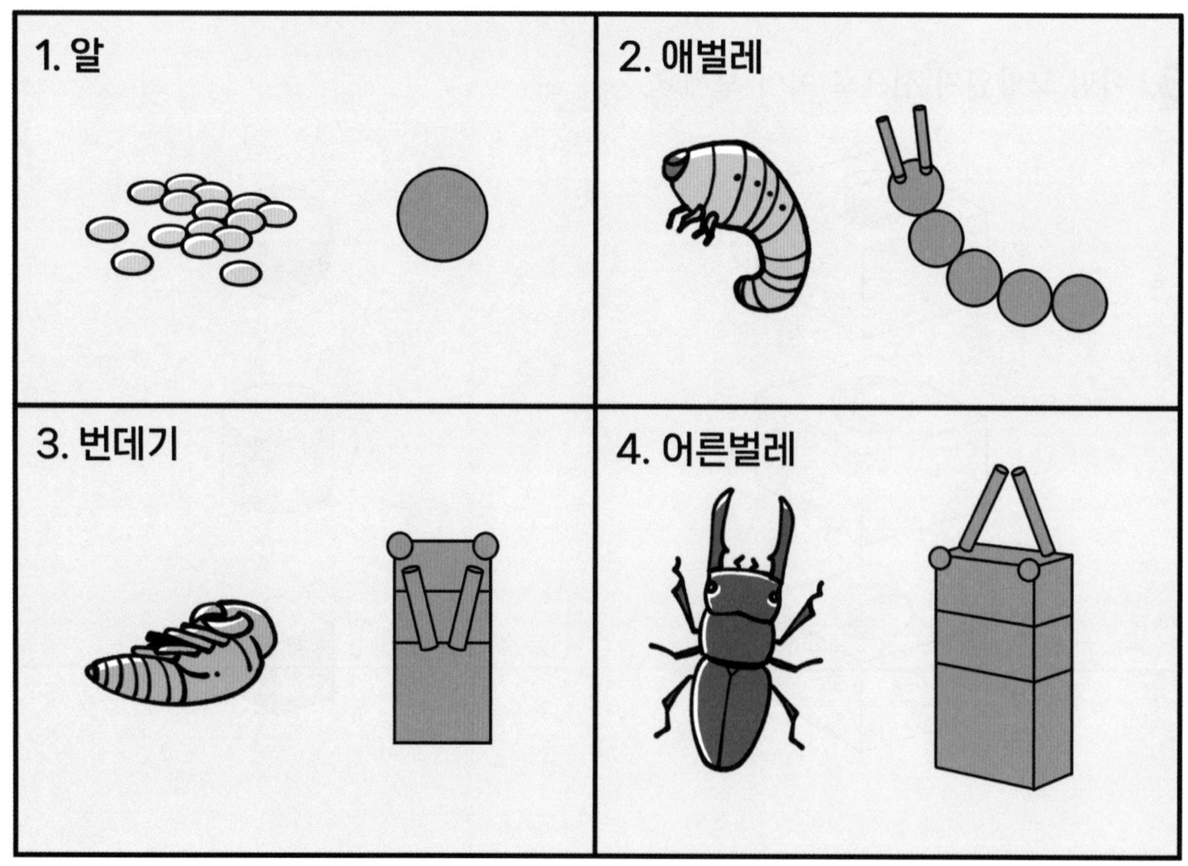

**1** 사슴벌레가 자라는 순서대로 기호를 써 보세요.

| ㉠ 어른벌레 | ㉡ 애벌레 | ㉢ 알 | ㉣ 번데기 |
|---|---|---|---|

( )

**2** 사슴벌레를 주로 볼 수 있는 계절에 ○표 해 보세요.

| 봄 | 여름 | 가을 | 겨울 |
|---|---|---|---|

**3** 사슴벌레의 애벌레를 도형으로 만들 때 쓰이지 않은 모양을 찾아 ○표 해 보세요.

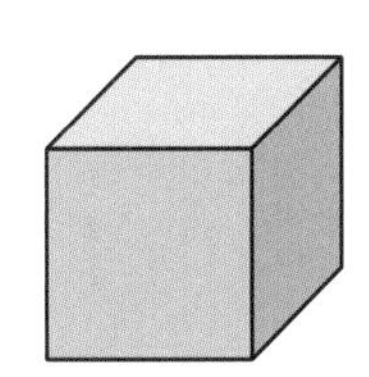
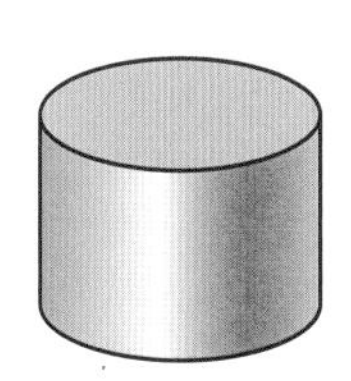
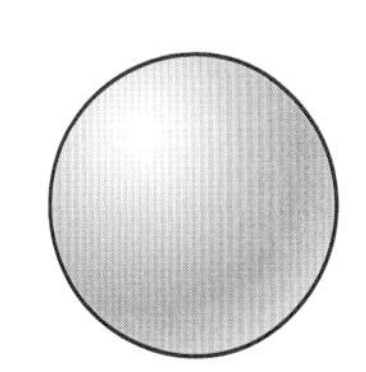

**4** 사슴벌레의 어른벌레를 도형으로 만들 때 각 도형이 쓰인 개수를 세어 보세요.

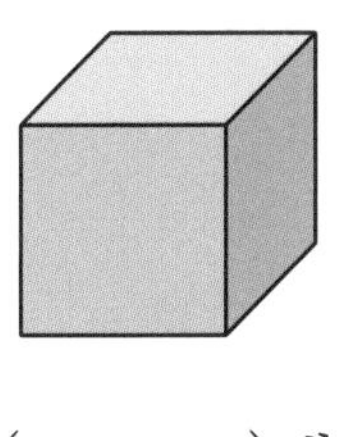
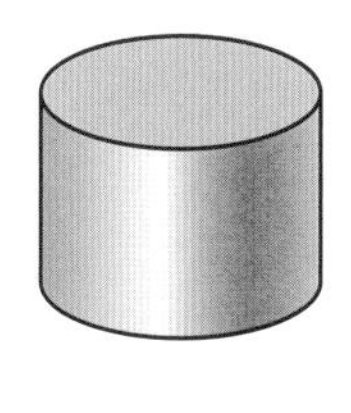
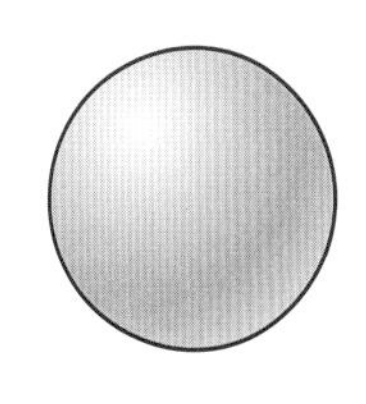

( )개 ( )개 ( )개

# 05 덧셈과 뺄셈

## 한 가지 수를 여러 가지로 가르기

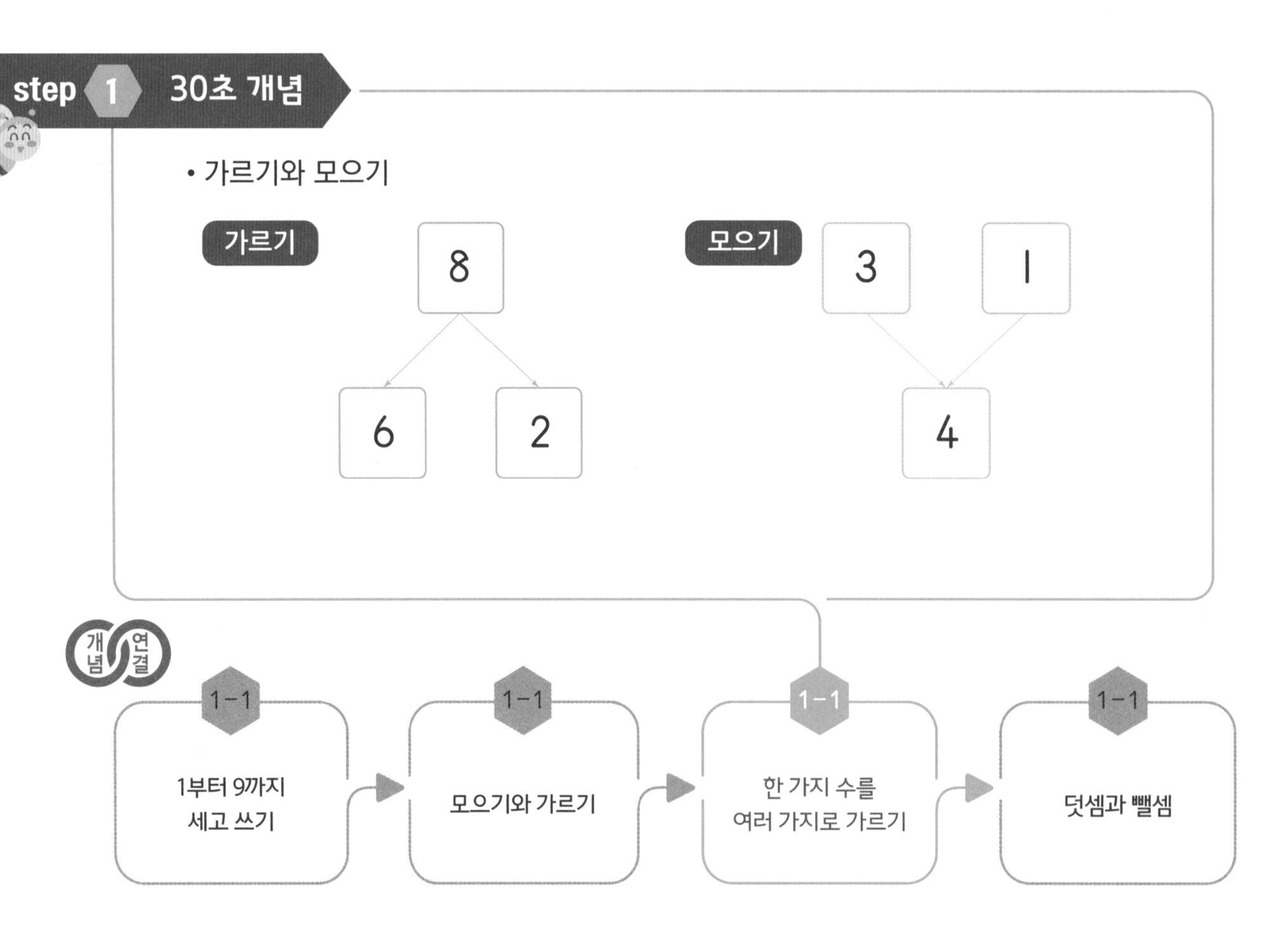

## step 2 설명하기

**질문 ❶** 6을 두 수로 가르기 하는 모든 경우를 나열해 보세요.

**설명하기** 6을 두 수로 가르기 하면 다음과 같은 5가지 경우가 나옵니다.

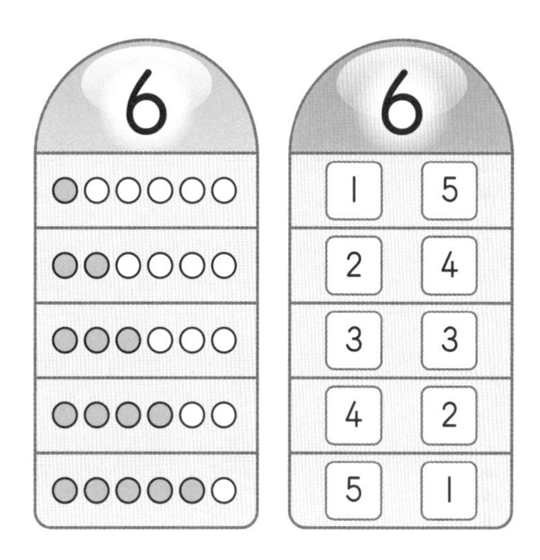


**질문 ❷** 5를 세 개의 수로 가르기 해 보세요.

**설명하기** 5를 세 수로 가르기 하면 다음과 같은 6가지 경우가 나옵니다.

| 구체물 | 가르기 | | |
|---|---|---|---|
| | 1 | 1 | 3 |
| | 1 | 2 | 2 |
| | 1 | 3 | 1 |
| | 2 | 1 | 2 |
| | 2 | 2 | 1 |
| | 3 | 1 | 1 |

**1** 주사위 눈의 수를 보고 □ 안에 모으기 한 수를 써넣으세요.

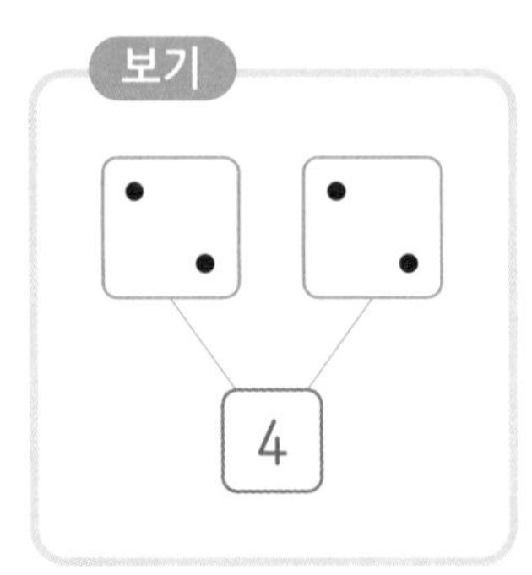


(1)
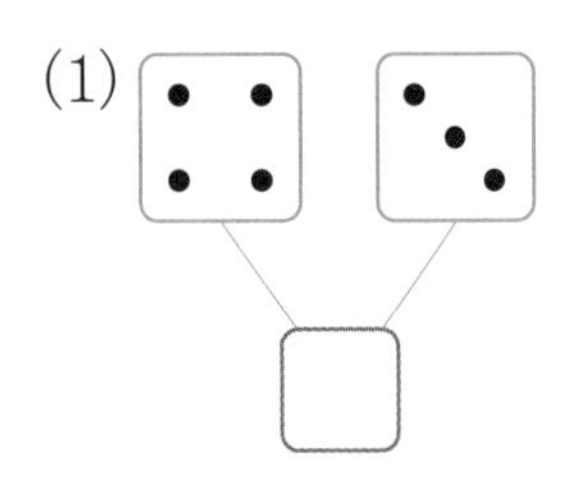

(2)
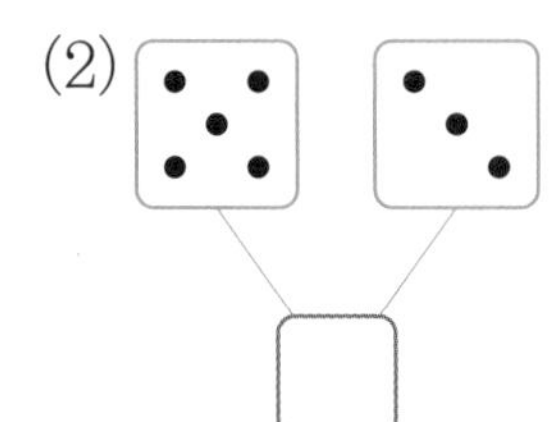

(3)
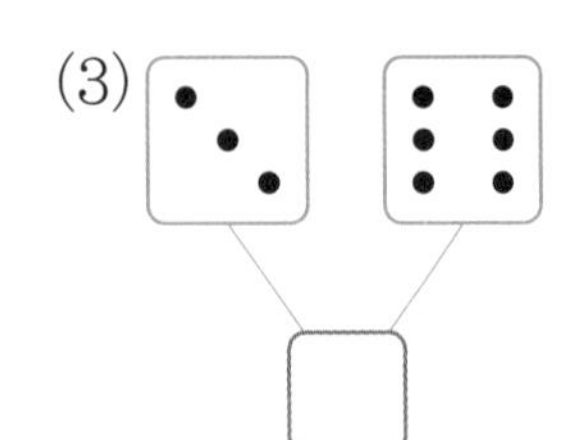

(4)
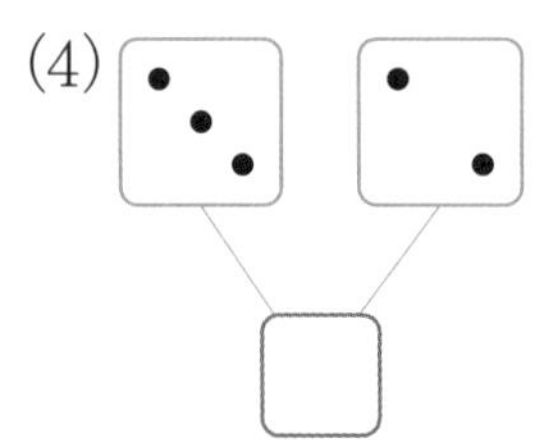

**2** 보기 와 같이 사과를 묶고 □ 안에 알맞은 수를 써넣으세요.

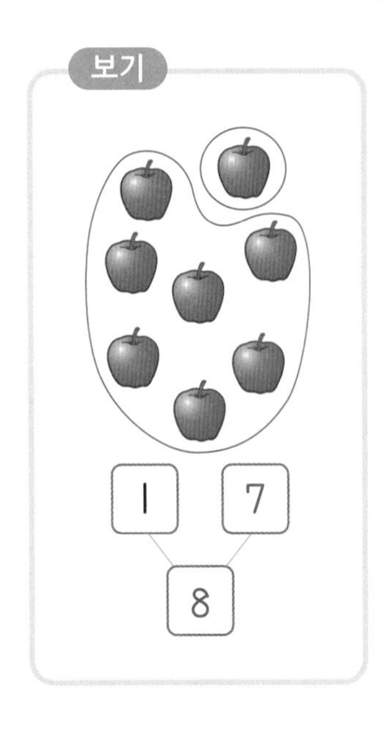


(1)

(2)
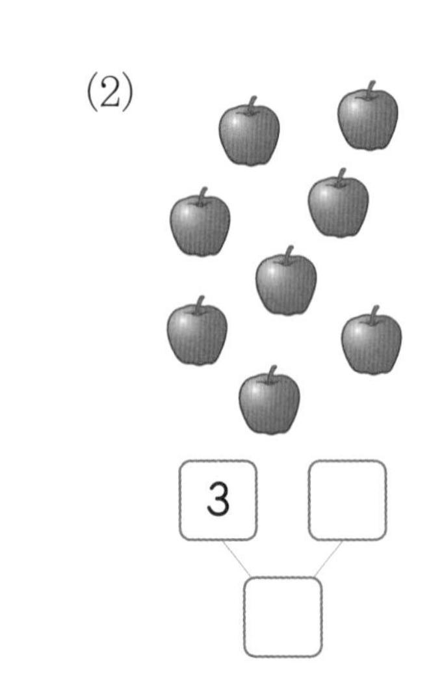

**3** □ 안에 알맞은 수를 써넣으세요.

(1)

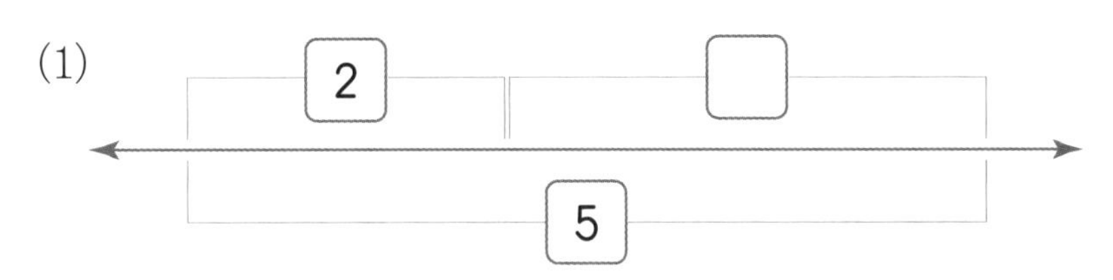


(2)

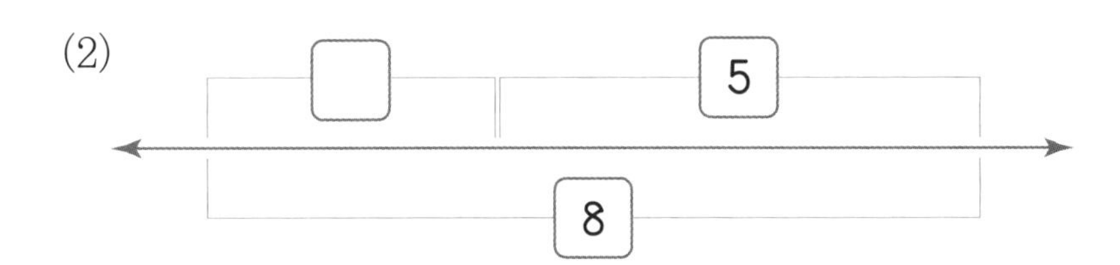


## step 4 도전 문제

**4** 수 가르기를 하여 빈칸에 알맞은 수를 써넣으세요.

(1)

| 6 | 1 | 2 | | 4 | |
|---|---|---|---|---|---|
| | | | 3 | | 1 |

(2)

| 9 | 8 | | 2 | | 1 | 4 | | |
|---|---|---|---|---|---|---|---|---|
| | | 4 | | 6 | | | 3 | |

**5** 보기 를 보고 빈칸에 알맞은 수를 써넣으세요.

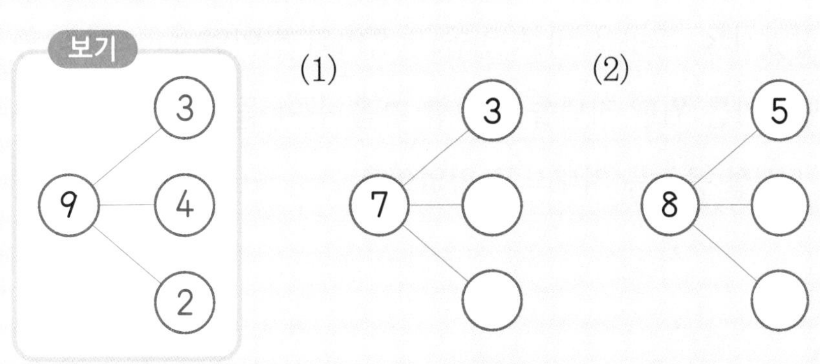

# 백설 공주와 일곱 난쟁이

먼 옛날 어느 왕국에 백설 공주가 왕비와 함께 살고 있었습니다. 왕비에게는 신비로운 마법 거울이 있었지요. 왕비가 매일 아침 거울에게 “세상에서 가장 아름다운 사람은 누구지?” 하고 물으면 거울은 “왕비님이 가장 아름답습니다.” 하고 대답해서 왕비를 기쁘게 해 주었어요.

그러던 어느 날, 왕비가 거울에게 같은 질문을 했는데 거울은 이번에 “백설 공주가 가장 아름답습니다.” 하고 대답했어요. 화가 난 왕비는 백설 공주를 숲으로 쫓아냈어요. 백설 공주는 숲을 돌아다니다 작은 나무 집에 들어가게 되었어요. 집에는 작은 물건들이 어질러져 있었어요. 물건이 모두 7개씩 있는 것을 보니 7명의 아이가 살고 있는 집인 것 같았지요. 그곳은 바로 일곱 난쟁이의 집이었어요. 백설 공주는 집을 청소하고, 일곱 난쟁이를 위한 저녁을 준비한 다음 잠이 들었어요. 백설 공주가 눈을 뜨자 난쟁이 3명이 백설 공주를 쳐다보고 있었어요.

1 백설 공주가 쫓겨난 이유는 무엇인지 고르세요. (          )

① 거울이 백설 공주가 가장 아름답다고 대답하자, 왕비가 화가 나서
② 백설 공주가 밖에 나오고 싶어 해서
③ 백설 공주가 투정을 부려서
④ 백설 공주가 거울을 깨서
⑤ 백설 공주가 왕비를 싫어해서

2 백설 공주가 숲을 돌아다니다 들어간 곳은 어디인지 고르세요. (          )

① 놀부의 집
② 바닷속 인어 공주의 집
③ 어두운 동굴
④ 친구의 집
⑤ 일곱 난쟁이의 집

3 일곱 난쟁이의 집에서 백설 공주가 한 일은 무엇인지 ○표 해 보세요.

청소 빨래 설거지

4 숲속 나무 집에 7명의 난쟁이가 산다면, 백설 공주가 눈을 떴을 때 쳐다보고 있지 않은 난쟁이는 모두 몇 명이었는지 써 보세요.

(                    )명

# 06 여러 가지 덧셈 방법

덧셈과 뺄셈

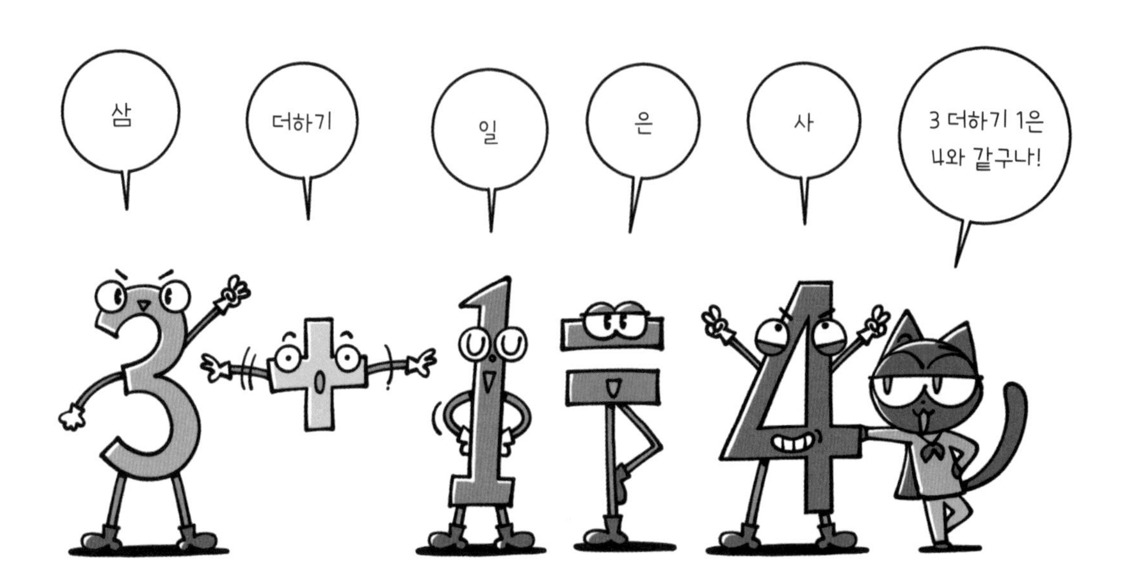


## step 1 30초 개념

• 덧셈식은 보통 두 가지 방법으로 읽습니다.

$$3+1=4$$

첫째, 3 더하기 1은 4와 같습니다.
둘째, 3과 1의 합은 4입니다.

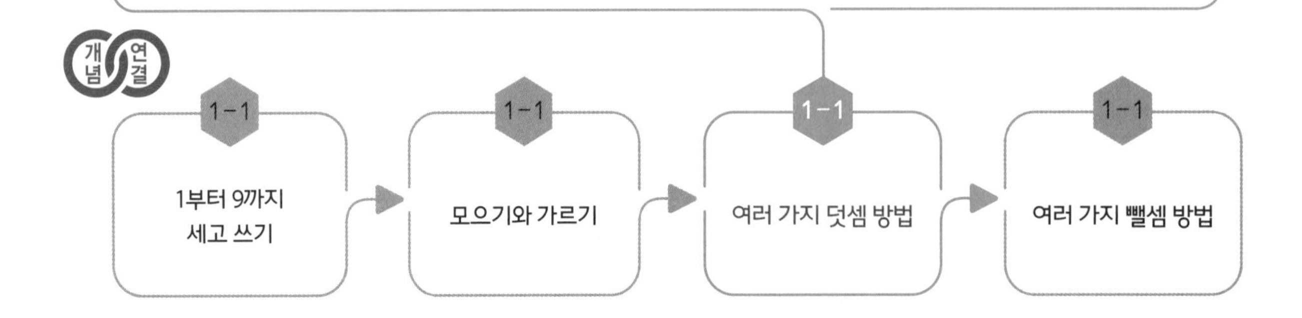

공부한 날 월 일

## step 2 설명하기

질문 ❶ 분홍색 무궁화와 흰색 무궁화의 수는 모두 몇인지 수판에 ○를 그려서 구해 보세요.

설명하기 ○를 수판에 표시하면 그림과 같습니다.
그림에서 무궁화의 수는 8입니다.

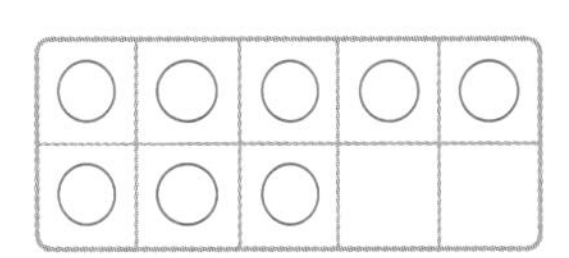

질문 ❷ 그림을 보고 합이 같은 덧셈식을 모두 써 보세요.

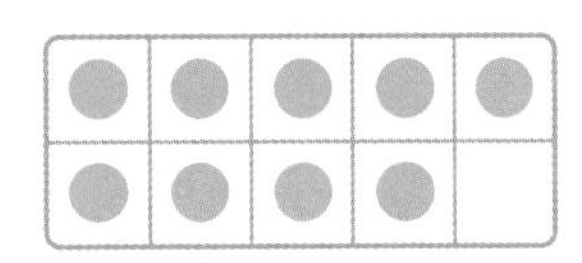

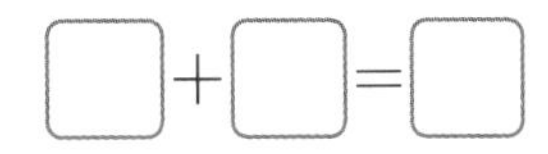

설명하기 두 수를 더해 9가 되는 덧셈식은 다음과 같이 8가지입니다.
1+8=9, 2+7=9, 3+6=9, 4+5=9, 5+4=9, 6+3=9, 7+2=9, 8+1=9

**1** 그림을 보고 □ 안에 알맞은 기호를 써넣으세요.

(1)

3 □ 4=7

(2)

2 □ 3=5

**2** 그림에 맞는 덧셈식을 쓰고 읽어 보세요.

(1)

쓰기 ____________________

읽기 ____________________

(2)

쓰기 ____________________

읽기 ____________________

**3** □ 안에 알맞은 수를 써넣으세요.

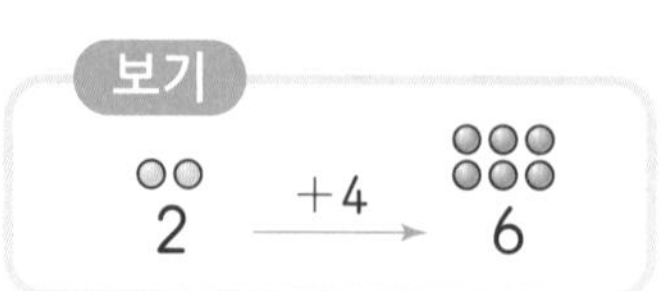


(1) 4 $\xrightarrow{+1}$ □

(2) 8 $\xrightarrow{+1}$ □

(3) 3 $\xrightarrow{+6}$ □

**4** 모으기를 하고, 덧셈식으로 나타내어 보세요.

(1)

덧셈식 ____________________

(2)

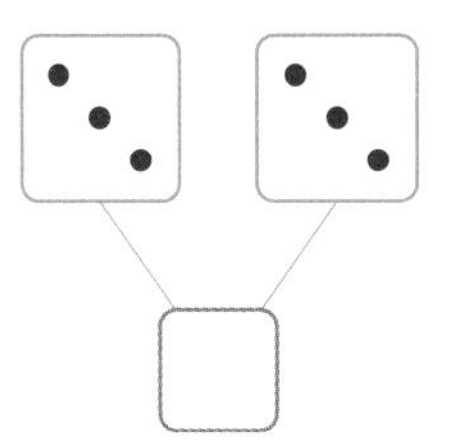

덧셈식 ____________________

(3)

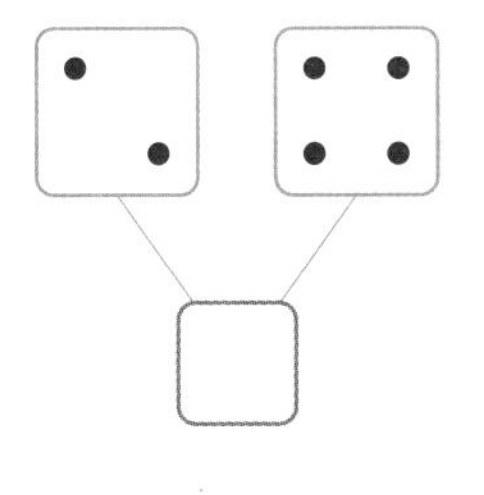

덧셈식 ____________________

(4)

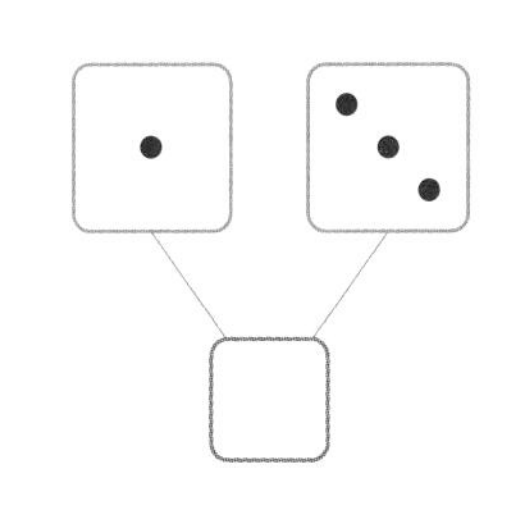

덧셈식 ____________________

## step 4 도전 문제

**5** □ 안에 알맞은 수를 쓰고 덧셈식으로 나타내어 보세요.

(1) 3, 6, □

덧셈식 ____________________

(2)

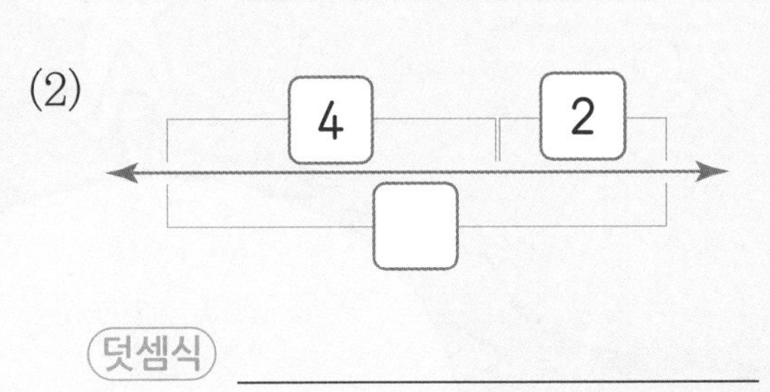


덧셈식 ____________________

**6** □ 안에 알맞은 수를 쓰고, 덧셈식으로 나타내어 보세요.

여름이는 3개의 구슬을 가지고 있습니다. 가을이는 2개의 구슬을 가지고 있습니다. 여름이와 가을이가 가진 구슬의 수는 □개입니다.

덧셈식 ____________________

# 여우와 포도나무

옛날 어느 마을에 여우가 한 마리 살고 있었어요.

와! 포도다!!

다 따 먹어야지!
냠
냠

흔들
이건 안 따지 네…….
흔들

여우야! 이미 많이 먹었는데 뭘 아쉬워하니? 이제 포도나무 그늘에서 푹 쉬어 봐! 내가 노래를 불러 줄게!
…

맞아. 이제는 나무 그늘을 즐겨야겠다! 룰루룰루

**1** 여우가 따 먹으려고 한 과일은 무엇인지 고르세요. (　　　　)

① 사과　　② 키위　　③ 배
④ 포도　　⑤ 감

**2** 여우에게 좋은 생각을 알려 준 것은 누구인지 고르세요. (　　　　)

① 토끼　　② 새　　③ 호랑이
④ 자라　　⑤ 지나가던 농부

**3** 나무 그늘 밑에 누운 여우는 어떤 기분일지 ○표 해 보세요.

| 화남 | 짜증 남 | 즐거움 |
|---|---|---|

**4** 포도나무에 남아 있는 두 포도송이에 달린 포도알은 모두 몇 개인지 덧셈식을 쓰고 답을 구해 보세요.

식 ______________________

답 ______________ 개

# 여러 가지 뺄셈 방법

## step 1 30초 개념

• 뺄셈식은 보통 두 가지 방법으로 읽습니다.

$$6-2=4$$

첫째, 6 빼기 2는 4와 같습니다.
둘째, 6과 2의 차는 4입니다.

개념 연결

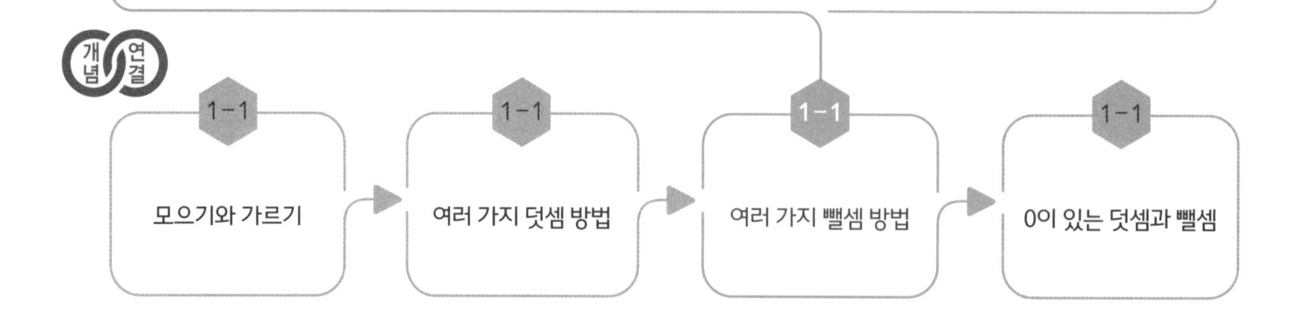

## step 2 설명하기

**질문 ❶** 두 상자에 들어 있는 생수의 차를 비교하는 그림을 그려 뺄셈을 해 보세요.

☐－☐＝☐

설명하기〉 그림에서 서로 하나씩 짝을 짓고 남은 것은 1병이므로 7－6＝1이라는 뺄셈식을 만들 수 있습니다.

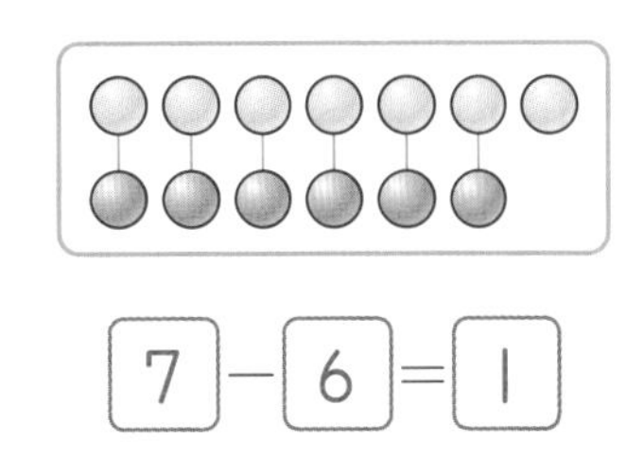

7－6＝1

**질문 ❷** 그림을 보고 다양한 뺄셈식을 만들고 이야기해 보세요.

설명하기〉
- 6－1＝5: 6명 중 가방을 메지 않은 아이가 1명이므로 가방을 멘 아이의 수는 5명입니다.
- 6－2＝4: 6명 중 안경 쓴 아이가 2명이므로 안경을 쓰지 않은 아이는 4명입니다.
- 4－2＝2: 안경을 쓰지 않은 아이가 4명, 안경 쓴 아이가 2명이므로 안경을 쓰지 않은 아이가 안경 쓴 아이보다 2명 더 많습니다.
- 3－3＝0: 치마를 입은 아이가 3명, 바지를 입은 아이가 3명이므로 치마를 입은 아이의 수와 바지를 입은 아이의 수의 차는 0입니다.

**1** 그림을 보고 □ 안에 알맞은 기호를 써넣으세요.

(1)

8 □ 2 = 6

(2)

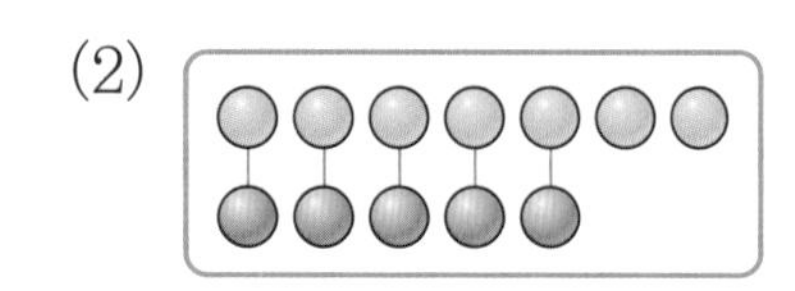

7 □ 5 = 2

**2** 그림에 맞는 뺄셈식을 쓰고 읽어 보세요.

(1)

쓰기 ______________________

읽기 ______________________

(2)

쓰기 ______________________

읽기 ______________________

**3** □ 안에 알맞은 수를 써넣으세요.

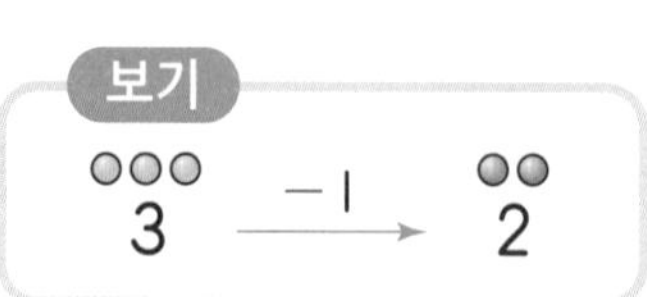


(1) 7 $\xrightarrow{-4}$ □ (2) 6 $\xrightarrow{-3}$ □ (3) 5 $\xrightarrow{-2}$ □

**4** 가르기를 계산하고, 뺄셈식으로 나타내어 보세요.

(1)

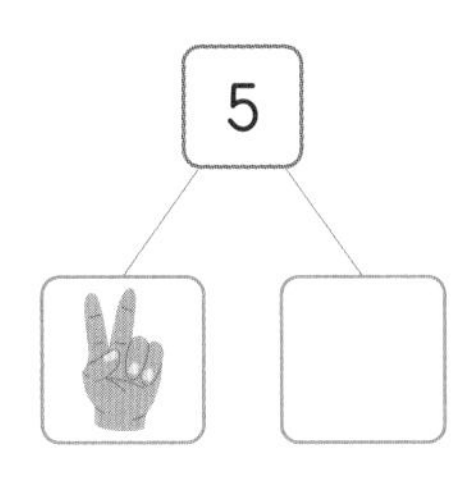


뺄셈식 ______________________

(2)

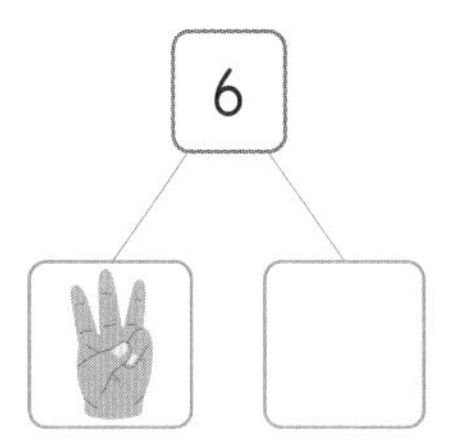


뺄셈식 ______________________

(3)

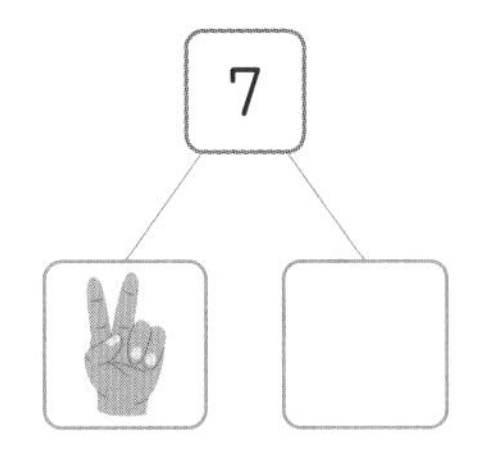


뺄셈식 ______________________

(4)

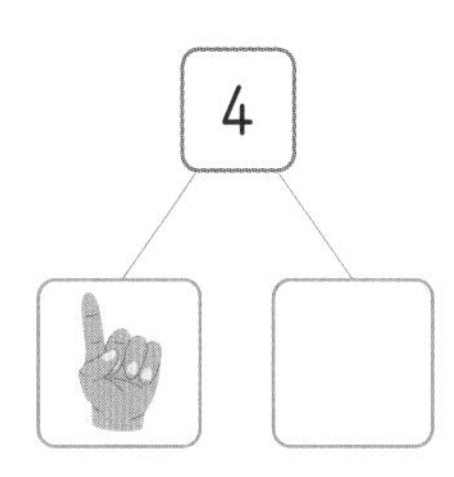


뺄셈식 ______________________

## step 4 도전 문제

**5** □ 안에 알맞은 수를 쓰고 뺄셈식으로 나타내어 보세요.

(1)

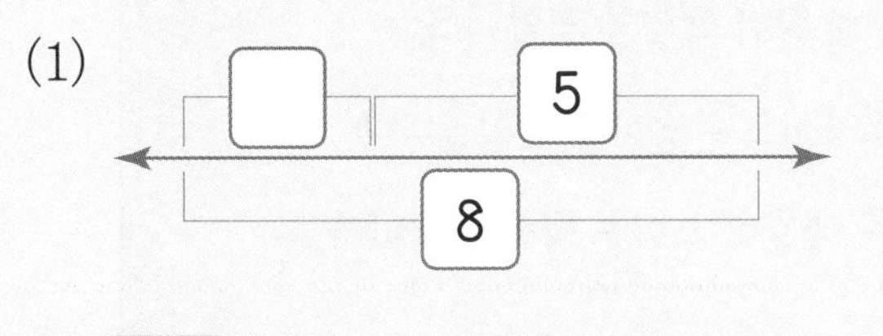


뺄셈식 ______________________

(2)

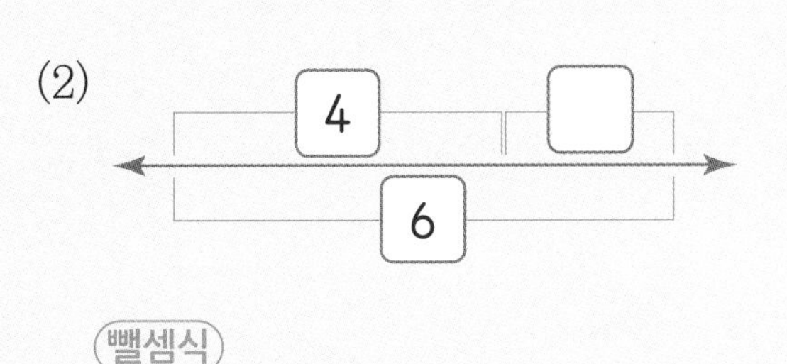


뺄셈식 ______________________

**6** □ 안에 알맞은 수를 쓰고, 뺄셈식으로 나타내어 보세요.

봄이는 7개의 구슬을 가지고 있습니다. 가을이는 2개의 구슬을 가지고 있습니다. 봄이는 가을이보다 □개의 구슬을 더 가지고 있습니다.

뺄셈식 ______________________

# 종이 뒤집기 놀이

친구들과 종이 뒤집기 놀이를 해 봐요.

## 놀이 방법

준비물: 앞뒤 색깔이 다른 양면 색종이 8장

① 색종이를 4장씩 서로 다른 색이 보이도록 둡니다.

② 친구들을 두 팀으로 나눕니다.

③ 종이 앞면과 뒷면의 색깔에 맞게 팀의 색깔을 정합니다.

④ 주어진 시간 동안 팀의 색깔이 보이도록 종이를 뒤집습니다.

⑤ 놀이 시간이 끝났을 때 더 많은 색깔이 보이는 팀이 이깁니다.

**1** 종이 뒤집기 놀이에 필요한 준비물은 무엇인지 고르세요. (　　　　)

① 가위　　② 풀　　③ 색연필
④ 이름표　　⑤ 앞뒤 색깔이 다른 색종이

**2** 종이 뒤집기 놀이의 놀이 방법 중 알맞지 않은 것을 고르세요. (　　　　)

① 두 팀으로 나눈다.
② 팀의 색깔을 정한다.
③ 우리 팀의 색깔이 적을수록 좋다.
④ 처음에는 색종이를 4장씩 서로 다른 색이 보이도록 둔다.
⑤ 주어진 시간 동안 우리 팀의 색깔이 보이도록 색종이를 뒤집는다.

**3** 다음 장면을 보고 어느 팀이 이겼는지 골라 ○표 해 보세요.

( 빨강 팀 , 파랑 팀 )

**4** 종이 뒤집기 놀이에서 빨간색이 5장 보인다면, 파란색은 몇 장이 보이는지 뺄셈식을 쓰고 답을 구해 보세요.

식 ______________________

답 ______________ 장

# 08 덧셈과 뺄셈

## 0이 있는 덧셈과 뺄셈

## step 1 30초 개념

• 0과 덧셈

$$0+(\text{어떤 수})=(\text{어떤 수})$$
$$(\text{어떤 수})+0=(\text{어떤 수})$$

• 0과 뺄셈

$$(\text{어떤 수})-0=(\text{어떤 수})$$
$$(\text{어떤 수})-(\text{어떤 수})=0$$

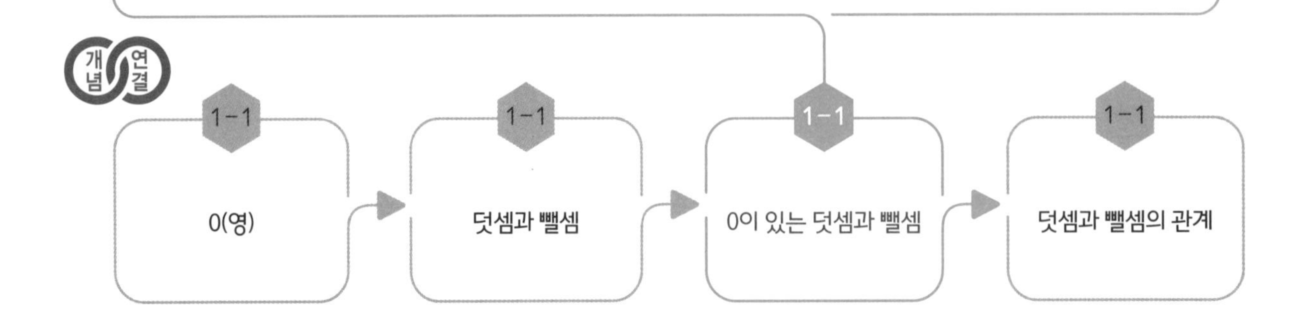

## step 2 설명하기

**질문 ❶** 계산해 보세요.

(1) $4+0$　　(2) $0+5$

(3) $3-0$　　(4) $6-6$

**설명하기** (1) 어떤 수에 0을 더하면 어떤 수가 됩니다. 즉, $4+0=4$입니다.

(2) 0에 어떤 수를 더하면 어떤 수가 됩니다. 즉, $0+5=5$입니다.

(3) 어떤 수에서 0을 빼면 어떤 수가 됩니다. 즉, $3-0=3$입니다.

(4) 어떤 수에서 어떤 수를 빼면 0이 됩니다. 즉, $6-6=0$입니다.

**질문 ❷** 0에 관한 덧셈식과 뺄셈식으로 다양한 이야기를 만들어 보세요.

(1) $0+6=6$　　(2) $5-0=5$

**설명하기** (1) $0+6=6$: 아무도 없는 교실에 어린이 6명이 들어와서 지금 교실에는 6명의 어린이가 있습니다.

(2) $5-0=5$: 어제 딱지가 5장 있었는데 오늘 딱지치기에서 하나도 잃지 않아 그대로 5장이 남아 있습니다.

**1** 그림을 보고 덧셈을 계산해 보세요.

(1)

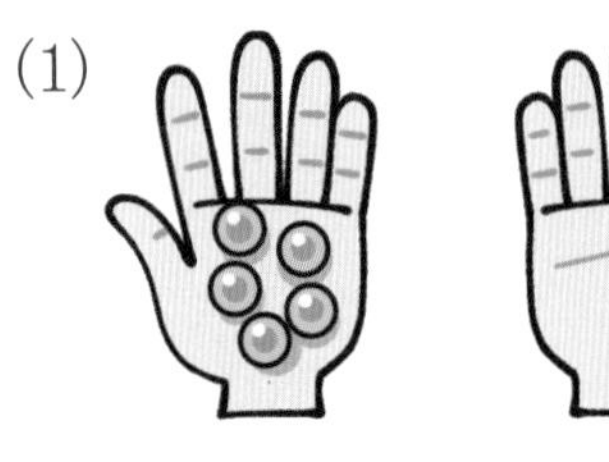

$5+0=\square$

(2)

$0+3=\square$

**2** 그림을 보고 뺄셈을 계산해 보세요.

(1)

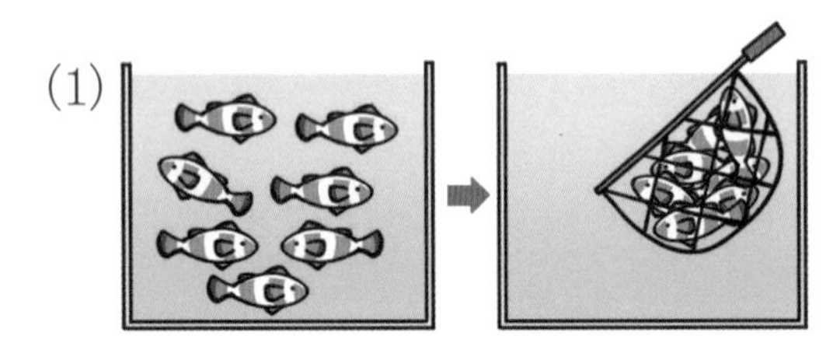

$7-7=\square$

(2)

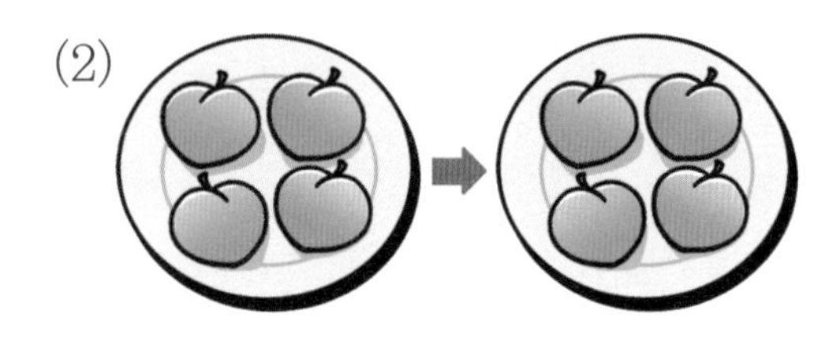

$4-0=\square$

**3** 버스에 7명의 친구들이 타고 있습니다. 다음 정류장에서 아무도 타지 않았다면, 버스에 타고 있는 친구들은 모두 몇 명인지 덧셈식을 쓰고 답을 구해 보세요.

식 ______________________

답 ______________ 명

**4** 연못에 8마리의 개구리가 있습니다. 솔방울이 떨어지자 개구리 8마리가 도망갔습니다. 남은 개구리는 몇 마리인지 뺄셈식을 쓰고 답을 구해 보세요.

식 ____________________

답 __________ 마리

**5** 아무것도 없는 바구니에 귤 6개를 담았습니다. 바구니에 담긴 귤이 몇 개인지 식을 쓰고 답을 구해 보세요.

식 ____________________

답 __________ 개

## step 4 도전 문제

**6** 계산해 보세요.

(1) $0+0=\square$

(2) $0-0=\square$

**7** □ 안에 알맞은 수를 써넣으세요.

(1) $1+\square=1$

(2) $3-\square=0$

# 방울토마토 관찰 일지*

새싹이 났어요.
잎이 2개예요.

잎이 여러 개 났어요.

가운데 줄기가 굵어졌어요.
잎의 개수가 많아졌어요.
위에는 작은 잎이 새롭게 나요.

꽃봉오리가
생겼어요.

꽃이 피었어요. 꽃의 색깔은
노란색이에요.

방울토마토가
열렸어요.
모두 9개예요.

방울토마토가
점점 빨갛게
바뀌어요.

* **관찰 일지**: 자라나는 모습을 살펴보고 쓰는 글

**1** 처음에 잎이 몇 개 났는지 써 보세요.

(                    )개

**2** 방울토마토가 자라는 순서대로 기호를 써 보세요.

㉠ 잎이 난다.
㉡ 열매가 열린다.
㉢ 꽃이 핀다.

(                    )

**3** 방울토마토 9개 중 2개가 익었습니다. 아직 익지 않은 방울토마토의 개수는 모두 몇 개인지 구해 보세요.

(                    )개

**4** 방울토마토 9개 중 9개를 먹었습니다. 남은 방울토마토의 개수를 구하는 식을 쓰고 계산해 보세요.

식 ____________________

답 ____________개

09 덧셈과 뺄셈

# 덧셈과 뺄셈의 관계

## step 1 30초 개념

• 덧셈과 뺄셈은 서로 반대되는 관계입니다.

(1) 덧셈 사이의 관계

□+△=▣이면 △+□=▣

덧셈에서 더하는 두 수를 서로 바꾸어 더해도 결과가 같습니다.

(2) 덧셈과 뺄셈의 관계

□+△=▣이면 ▣-□=△ 또는 ▣-△=□

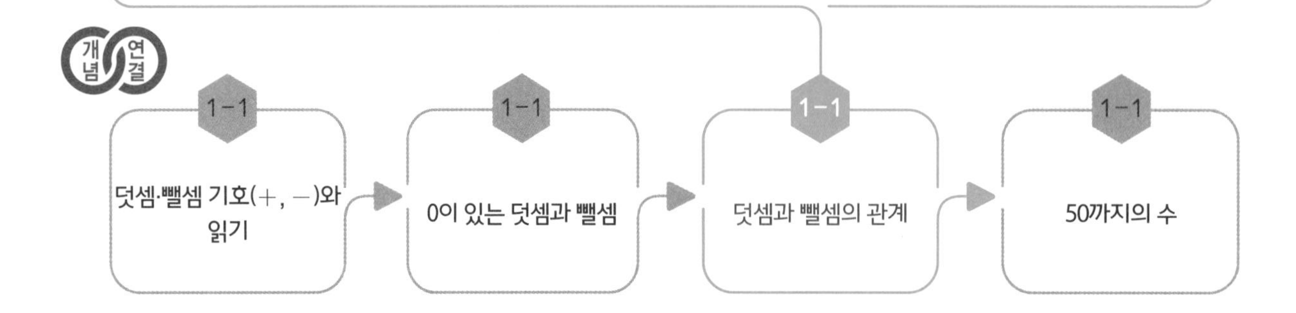

## step 2 설명하기

**질문 ❶** 세 수를 이용하여 덧셈식과 뺄셈식을 각각 2개씩 만들어 보세요.

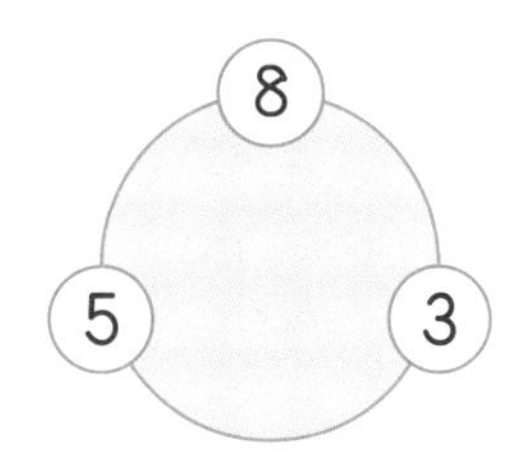


**설명하기** 덧셈식 $5+3=8$, $3+5=8$
뺄셈식 $8-5=3$, $8-3=5$

**질문 ❷** 다음 덧셈식과 뺄셈식의 특징을 각각 써 보세요.

| 덧셈식 | 뺄셈식 |
|---|---|
| $3+1=4$ | $4-0=4$ |
| $3+2=5$ | $5-1=4$ |
| $3+3=6$ | $6-2=4$ |
| $3+4=7$ | $7-3=4$ |
| $3+5=8$ | $8-4=4$ |
| $3+6=9$ | $9-5=4$ |

**설명하기** (1) 덧셈식의 특징
덧셈에서 더하는 수가 1씩 커지면 합도 1씩 커집니다.
(2) 뺄셈식의 특징
뺄셈에서 빼지는 수와 빼는 수가 1씩 커지면 차는 항상 4입니다.

step 3 개념 연결 문제

1 수 카드를 가지고 덧셈식을 만들었습니다. 수 카드로 뺄셈식을 만들어 보세요.

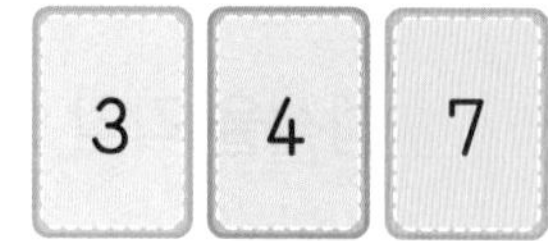


$3+4=7$

$\square-\square=\square$

2 가르기 표를 완성하고 덧셈식을 만들어 보세요.

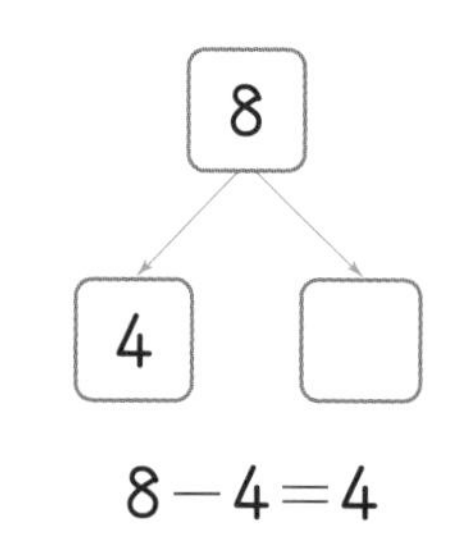


$8-4=4$

$\square+\square=\square$

3 계산해 보세요.

(1)

$4+1=\square$

$4+2=\square$

$4+3=\square$

$4+4=\square$

$4+5=\square$

(2)

$5-1=\square$

$5-2=\square$

$5-3=\square$

$5-4=\square$

$5-5=\square$

(3)

$5-3=\square$

$6-4=\square$

$7-5=\square$

$8-6=\square$

$9-7=\square$

**4** 뺄셈식을 보고 덧셈식을 2개 만들어 보세요.

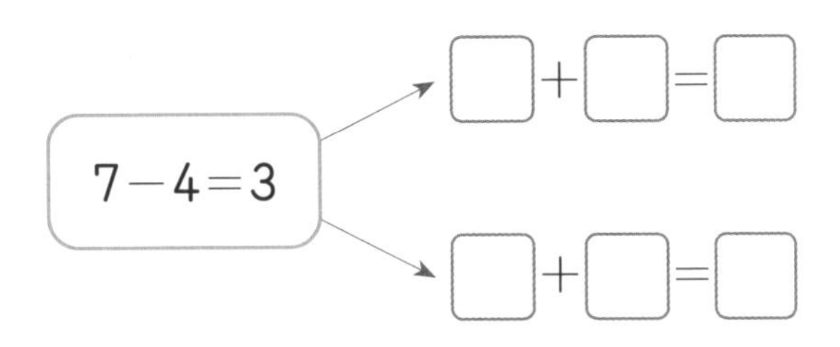


**5** 덧셈식을 보고 뺄셈식을 2개 만들어 보세요.

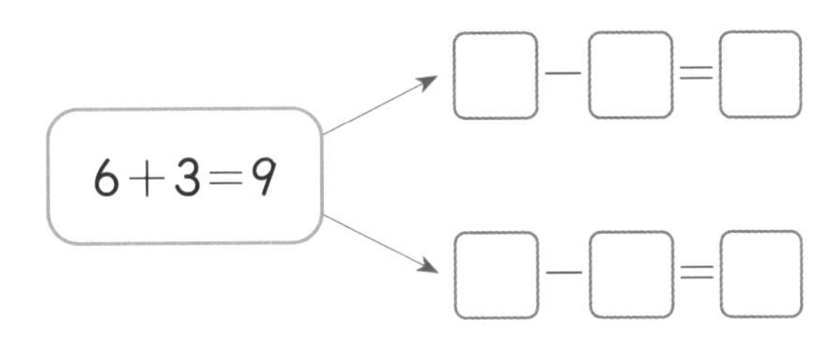


## step 4 도전 문제

**6** □ 안에 ＋, －를 알맞게 써넣으세요.

(1) 5 □ 2＝7　　　(2) 4 □ 3＝1

(3) 3 □ 0＝3　　　(4) 9 □ 9＝0

**7** 봄이가 가진 과일의 수와 여름이가 가진 과일의 수를 각각 구해 보세요.

봄　(　　　　　　　)개

여름　(　　　　　　　)개

# 주사위의 비밀

친구들과 놀이를 할 때 주사위를 많이 사용하지요. 주사위에 숨겨져 있는 비밀을 알고 있나요?

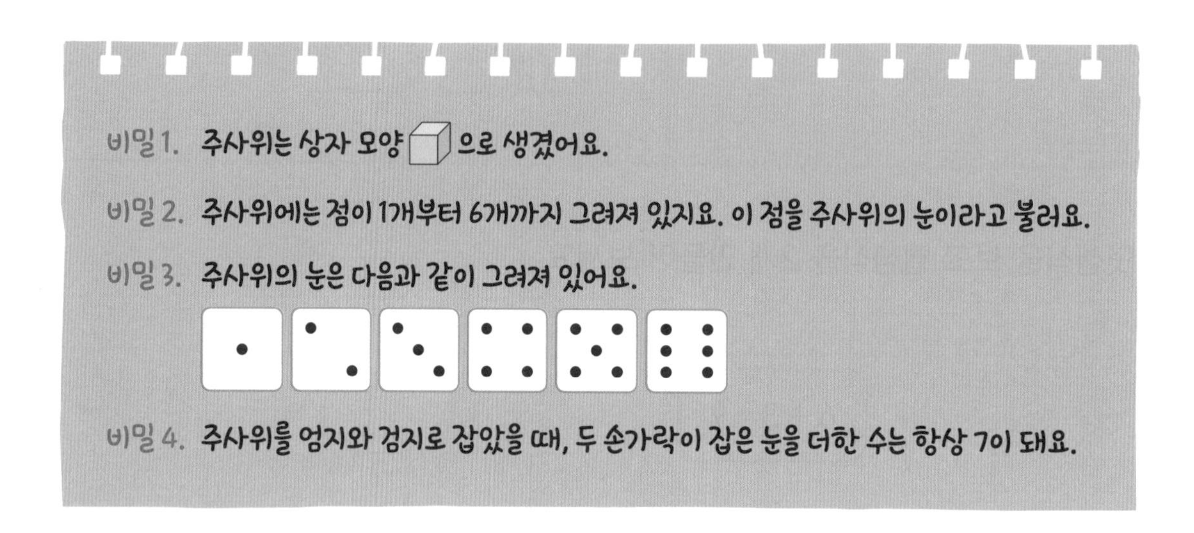


이렇게 주사위에는 네 가지 비밀이 숨겨져 있어요. 자, 그럼 주사위를 굴려 가며 놀이를 해 볼까요?

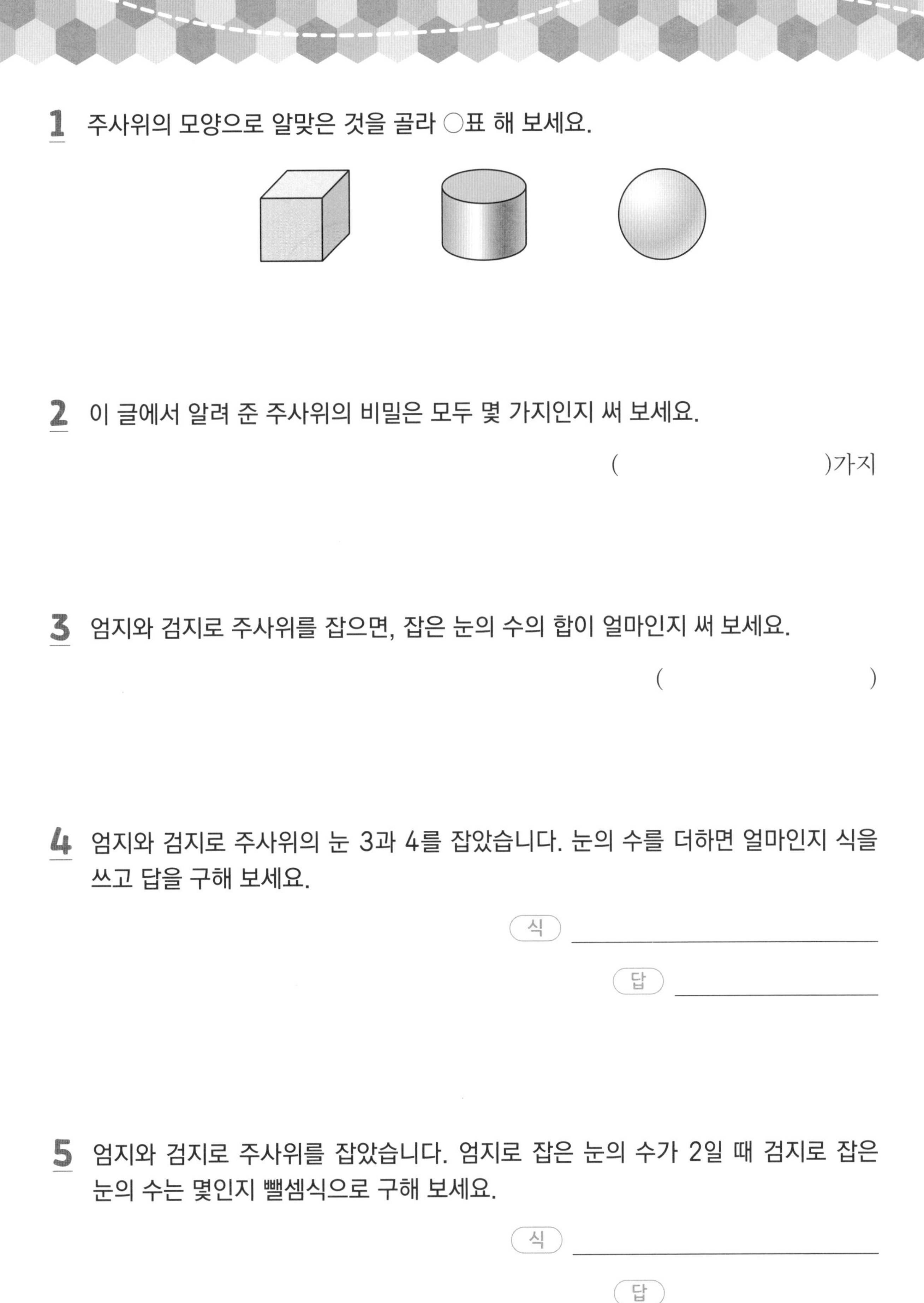

1 주사위의 모양으로 알맞은 것을 골라 ○표 해 보세요.

2 이 글에서 알려 준 주사위의 비밀은 모두 몇 가지인지 써 보세요.

( )가지

3 엄지와 검지로 주사위를 잡으면, 잡은 눈의 수의 합이 얼마인지 써 보세요.

( )

4 엄지와 검지로 주사위의 눈 3과 4를 잡았습니다. 눈의 수를 더하면 얼마인지 식을 쓰고 답을 구해 보세요.

식 ______

답 ______

5 엄지와 검지로 주사위를 잡았습니다. 엄지로 잡은 눈의 수가 2일 때 검지로 잡은 눈의 수는 몇인지 뺄셈식으로 구해 보세요.

식 ______

답 ______

# 10 비교하기

## 길이 비교

## step 1 30초 개념

- 두 물체의 길이를 비교할 때는 '더 길다', '더 짧다'라고 표현합니다.
- 세 물체나 네 물체의 길이를 비교할 때는 '가장 길다', '가장 짧다'라는 표현을 사용합니다.

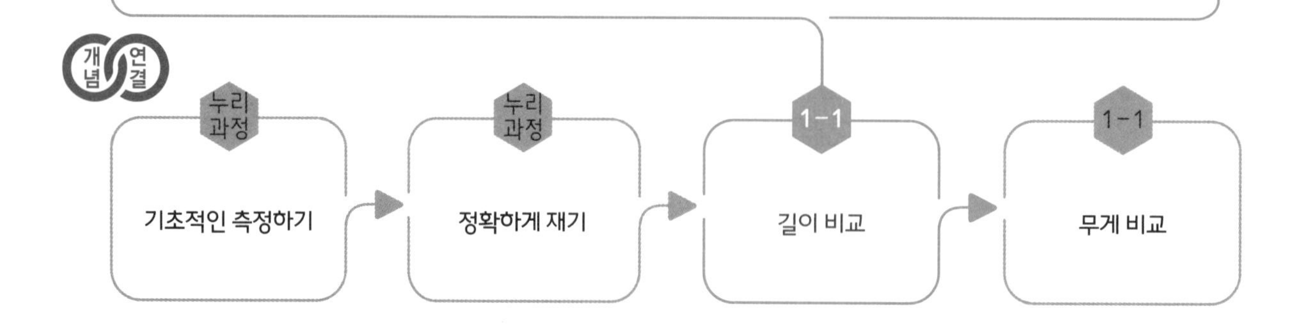

## step 2 설명하기

**질문 ❶** 두 줄넘기의 길이를 비교하는 글을 써 보세요.

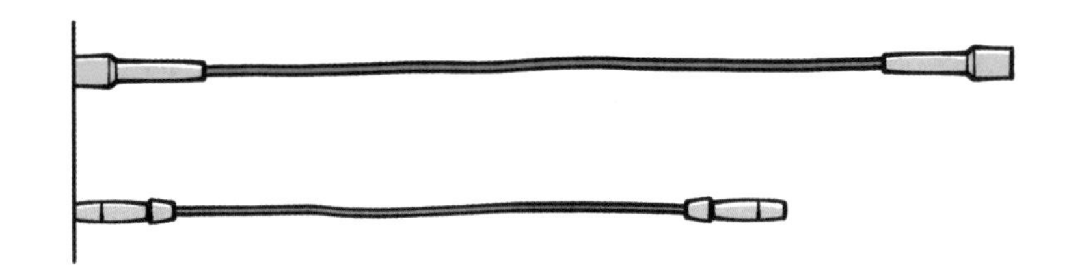

설명하기 파란색 줄넘기가 초록색 줄넘기보다 더 깁니다.
초록색 줄넘기가 파란색 줄넘기보다 더 짧습니다.

**질문 ❷** 세 물건의 길이를 비교하는 글을 써 보세요.

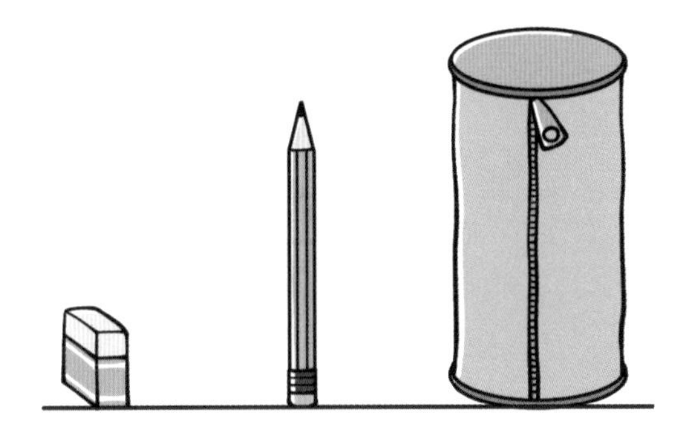

설명하기 필통이 가장 깁니다.
지우개가 가장 짧습니다.
연필은 지우개보다 더 깁니다.
연필은 필통보다 더 짧습니다.

**1** 더 긴 것에 ○표 해 보세요.

(1) (2)

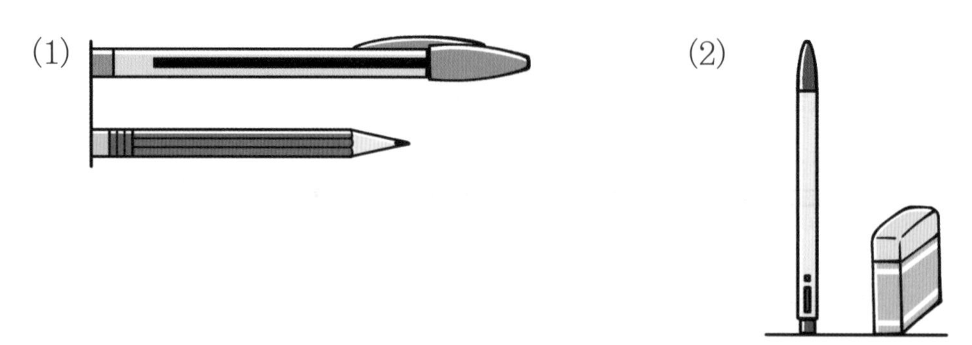

**2** 키가 작은 친구에 ○표 해 보세요.

**3** 더 높은 건물에 ○표 해 보세요.

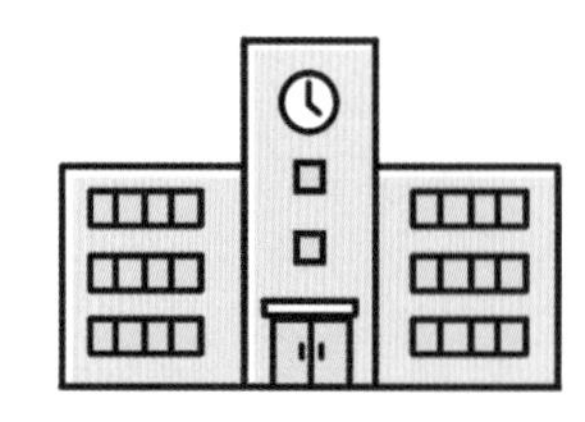

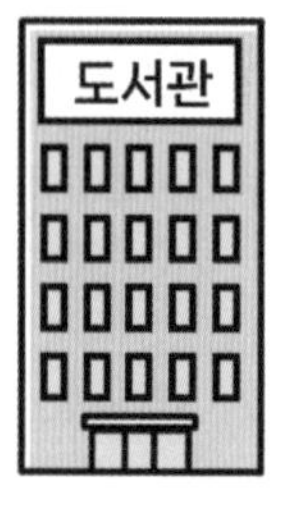

**4** 개울에서 가장 깊은 곳에 ○표 해 보세요.

**5** 집에서 거리가 더 먼 곳에 ○표 해 보세요.

## step 4 도전 문제

**6** 봄이네 가족의 머리카락을 하나씩 뽑아 나란히 놓았습니다. 짧은 것부터 순서대로 누구의 머리카락인지 써 보세요.

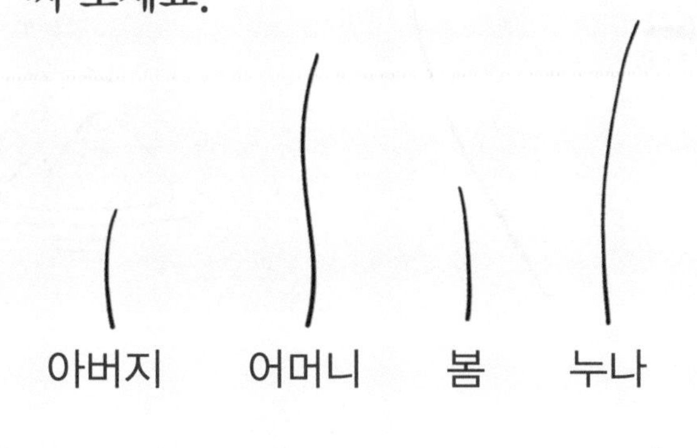


(                                        )

**7** 키가 가장 큰 친구의 이름을 써 보세요.

(                              )

# 시원한 여름 나기

날씨가 더운 여름에는 더위를 식히기 위해 많은 사람이 바다로 가지요. 바다에 가면 물놀이를 하며 시원하게 여름을 날 수 있어요. 여름 바닷가의 다양한 모습을 살펴봐요.

**1** 알맞은 말을 선으로 이어 보세요.

짧다　　길다

**2** 더 가까운 곳에 ○표 해 보세요.

**3** 알맞은 말에 ○표 해 보세요.

( 깊은 , 얕은 ) 물에는
들어가지 않는다.

**4** 소미의 가족을 보고 알맞은 말에 ○표 해 보세요.

아버지　소미　어머니

( 아버지 , 소미 , 어머니 )의
키가 가장 크다.

( 아버지 , 소미 , 어머니 )의
키가 가장 작다.

**5** 그림을 보고 알맞은 표현에 ○표 해 보세요.

깊다, 얕다　　가깝다, 멀다　　높다, 낮다

# 11 비교하기

## 무게 비교

## step 1 30초 개념

- 두 물체의 무게를 비교할 때는 '더 무겁다', '더 가볍다'라고 표현합니다.
- 세 물체나 네 물체의 무게를 비교할 때는 '가장 무겁다', '가장 가볍다'라는 표현을 사용합니다.

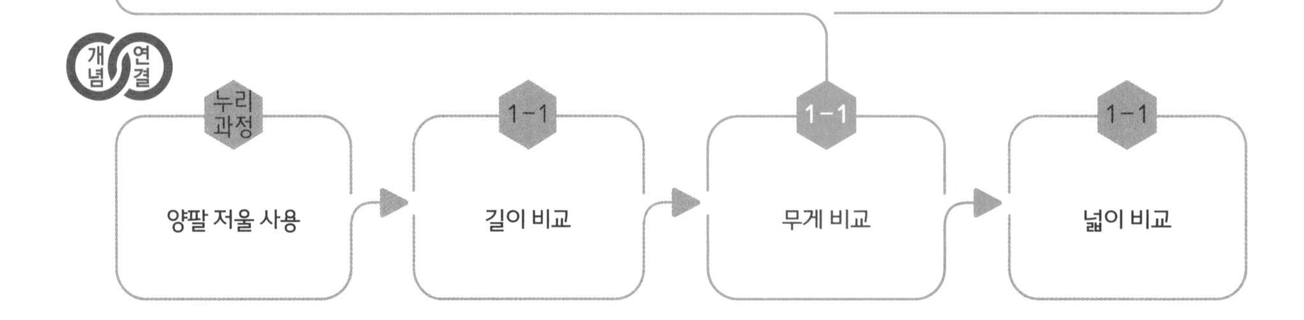

**질문 ❶** 세 물건의 무게를 비교하는 글을 써 보세요.

**설명하기** 지우개가 필통보다 더 가볍습니다.
필통이 지우개보다 더 무겁습니다.
가방이 필통보다 더 무겁습니다.
필통이 가방보다 더 가볍습니다.
가방이 가장 무겁습니다.
지우개가 가장 가볍습니다.

**질문 ❷** 시소를 보고 세 사람의 무게를 비교하는 글을 써 보세요.

**설명하기** 왼쪽 그림에서 "가을이는 여름이보다 더 무겁다." 또는 "여름이는 가을이보다 더 가볍다."라고 할 수 있고, 오른쪽 그림에서 "봄이는 가을이보다 더 무겁다." 또는 "가을이는 봄이보다 더 가볍다."라고 할 수 있습니다. 정리하면 "봄이가 가장 무겁고, 여름이가 가장 가볍다."라고 할 수 있습니다.

**1** 더 무거운 것에 ○표 해 보세요.

**2** 가장 가벼운 동물에 ○표 해 보세요.

**3** 친구들이 시소를 타고 있습니다. 가장 가벼운 친구는 누구인지 써 보세요.

(　　　　　　　　　　)

**4** 더 무거운 쪽에 ○표 해 보세요.

(1)

(2)

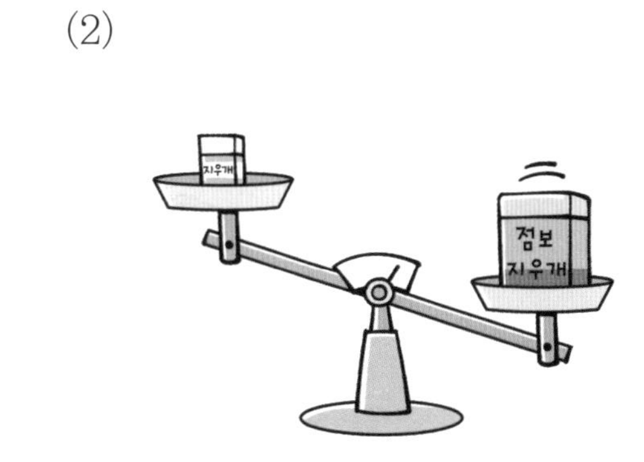


**step 4 도전 문제**

**5** 과일을 장난감 용수철에 달았습니다. 가장 무거운 것에 ○표 해 보세요.

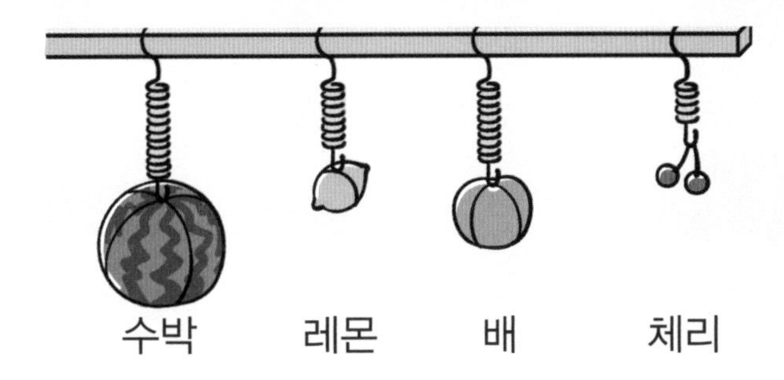


**6** 눈 위를 걸었더니 발자국이 남았습니다. 두 친구 중 가벼운 친구의 발자국에 ○표 해보세요.

# 무게의 균형 잡기 놀이

배에 짐을 실을 때나 수레에 물건을 실을 때 무게의 균형*을 잘 잡는 것이 매우 중요하답니다.

곡예사*들이 줄 위에서 넘어지지 않는 것도 균형을 잘 잡기 때문이에요. 여러분도 일자로 서서 한쪽 발을 살짝 들어 보세요. 어떤가요? 넘어질 것 같나요?

넘어지지 않게 균형을 잘 잡으려면 어떻게 해야 할까요?

1. 눈앞에 움직이지 않는 점이 있다고 생각하고 바라봅니다.
2. 양팔을 옆으로 벌립니다.
3. 한쪽 발을 살짝 들어 올립니다.
4. 땅에 붙어 있는 발의 안쪽과 바깥쪽에 같은 힘을 줍니다.
5. 기울어지는 쪽의 반대 손을 아래로 살짝 내립니다.
6. 넘어질 것 같으면 들어 올린 발을 얼른 내리고 다시 3번부터 시작합니다.

도전! 잘되는 친구들은 발을 들어 올린 상태에서 숫자를 하나부터 다섯까지 세어 봐요. 이 활동이 잘되면 나중에는 평행봉에 올라 걸을 수도 있답니다!

* **균형**: 어느 한쪽으로 기울거나 치우치지 않고 고른 상태
* **곡예사**: 줄타기, 재주넘기 등을 하는 사람

**1** 어떤 놀이에 대한 설명인가요? (　　　　)

① 줄넘기 놀이　　② 균형 잡기 놀이　　③ 술래잡기 놀이
④ 공기놀이　　⑤ 자전거 타기

**2** 수레의 더 가벼운 쪽에 ○표 해 보세요.

**3** 배의 무게의 균형을 잡으려면 물건을 어디로 옮겨야 하는지 화살표로 표시해 보세요.

**4** 겨울이가 무게의 균형 잡기 놀이를 하다가 다음과 같이 넘어지려고 합니다. 무거운 쪽에 ○표 해 보세요.

# 12 비교하기

## 넓이 비교

### step 1 30초 개념

- 두 물체의 넓이를 비교할 때는 '더 넓다', '더 좁다'라고 표현합니다.
- 세 물체나 네 물체의 넓이를 비교할 때는 '가장 넓다', '가장 좁다'라는 표현을 사용합니다.

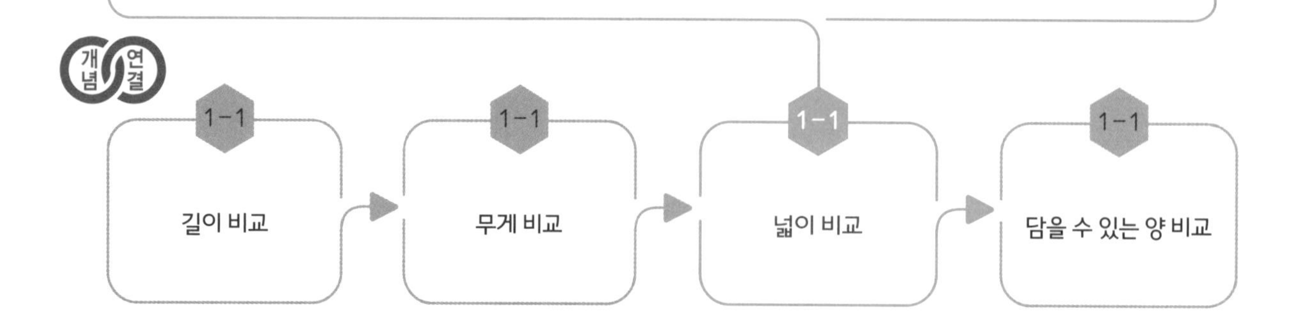

## step 2 설명하기

**질문 ❶** 두 쟁반의 넓이를 비교하는 글을 써 보세요.

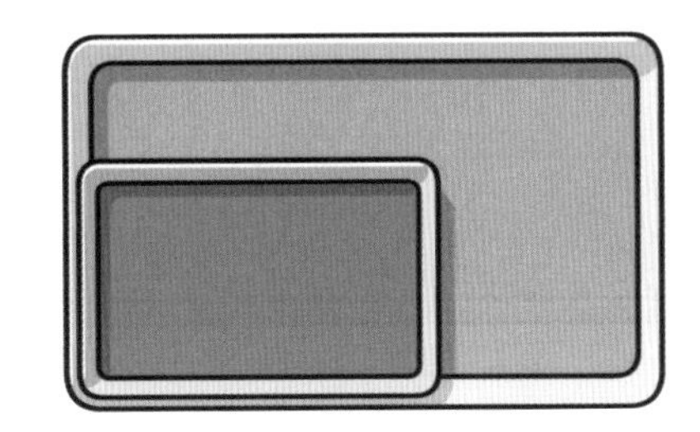

**설명하기** 노란색 쟁반은 주황색 쟁반보다 더 넓습니다.
주황색 쟁반은 노란색 쟁반보다 더 좁습니다.

**질문 ❷** 세 물건의 넓이를 비교하는 글을 써 보세요.

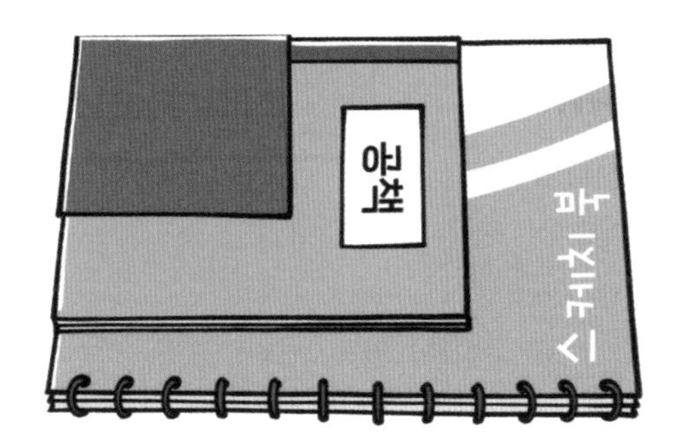


**설명하기** 공책이 색종이보다 더 넓습니다.
색종이가 공책보다 더 좁습니다.
스케치북이 공책보다 더 넓습니다.
공책이 스케치북보다 더 좁습니다.
스케치북이 가장 넓습니다.
색종이가 가장 좁습니다.

**1** 가장 넓은 것에 ○표 해 보세요.

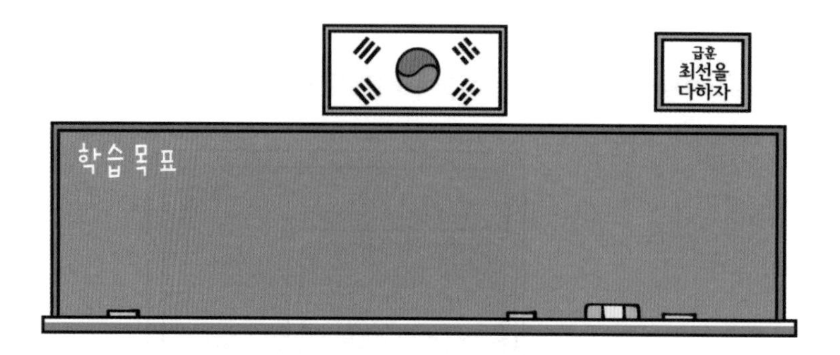


**2** 가장 좁은 것에 ○표 해 보세요.

**3** 더 넓은 접시가 필요한 것에 ○표 해 보세요.

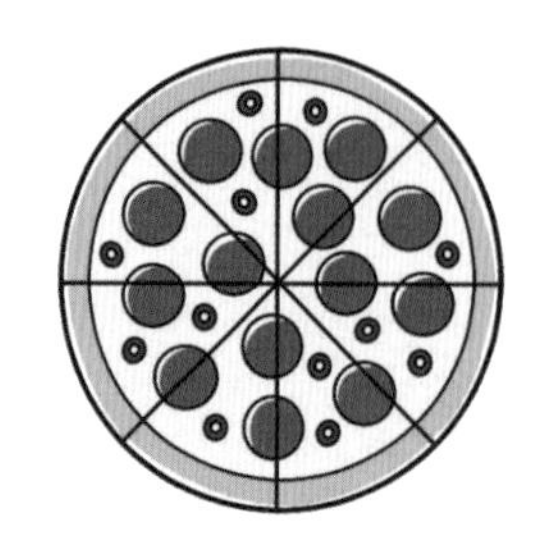

**4** 위 그림을 보고 아래 세 지폐 중 가장 넓은 것에 ○표 해 보세요.

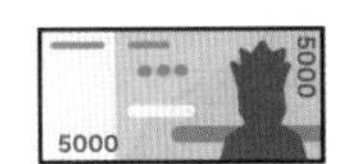


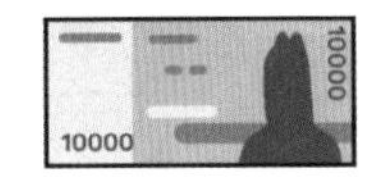


**5** 그림을 보고 알맞은 말에 ○표 해 보세요.

(1) 베개보다 이불이 더 ( 넓습니다 , 좁습니다 ).

(2) 이불보다 베개가 더 ( 넓습니다 , 좁습니다 ).

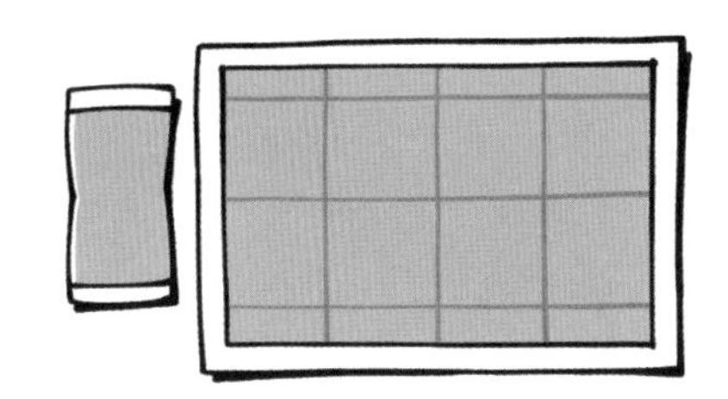

## step 4 도전 문제

**6** 채소를 이용해 도장 찍기를 했습니다. 가장 넓은 도장이 찍히는 채소는 무엇인지 써 보세요.

( )

**7** 가장 넓은 곳은 빨간색, 가장 좁은 곳은 초록색으로 색칠해 보세요.

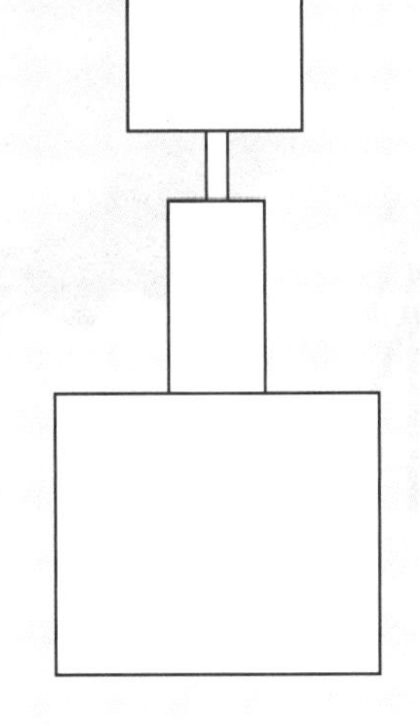

# 달, 달, 무슨 달

달의 모양은 날마다 다르게 보여요. 음력* 날짜를 알면 달의 모양을 알 수 있어요. 달력에 음력 날짜가 작게 표시되어 있지요. 달의 이름을 살펴보고, 날짜에 따라 모양이 어떻게 달라지는지 알아봐요.

* **음력**: 달의 움직임을 기준으로 만든 달력

**1** 달의 모양과 이름을 알맞게 이어 보세요.

 •　　　　• 반달

 •　　　　• 보름달

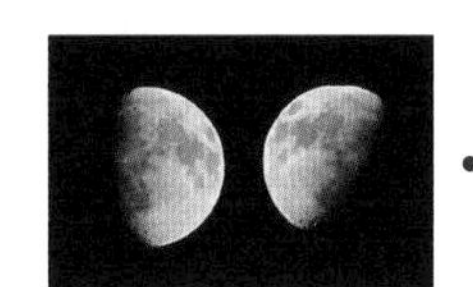 •　　　　• 초승달, 그믐달

**2** 보름달을 볼 수 있는 날을 고르세요. (　　　)

① 음력 1일　② 음력 7일　③ 음력 10일
④ 음력 15일　⑤ 음력 20일

**3** 너무 일찍 또는 너무 늦게 떠서 보기 어려운 달을 찾아 기호를 써 보세요.

㉠ 초승달, 그믐달　㉡ 반달　㉢ 보름달

(　　　　　)

**4** 달의 모양이 가장 넓은 달부터 가장 좁은 달까지 순서대로 기호를 써 보세요.

㉠ 초승달, 그믐달　㉡ 반달　㉢ 보름달

(　　　　　)

# 13 비교하기

## 담을 수 있는 양 비교

## step 1 30초 개념

- 두 그릇에 담을 수 있는 양을 비교할 때는 '더 많다', '더 적다'라고 표현합니다.
- 세 그릇이나 네 그릇에 담을 수 있는 양을 비교할 때는 '가장 많다', '가장 적다'라는 표현을 사용합니다.

개념 연결

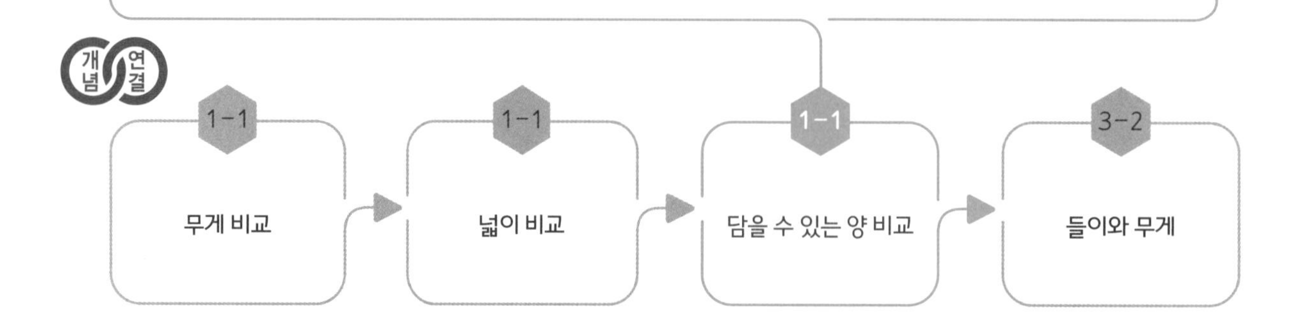

**질문 ❶** 두 컵에 담을 수 있는 양이 비슷할 때 담을 수 있는 양을 비교하는 방법을 설명해 보세요.

**설명하기** (1) 컵 하나에 물을 가득 담아 다른 컵에 부어 봅니다. 이때 물이 넘치면 처음 컵의 담을 수 있는 양이 더 많은 것입니다. 다른 컵에 물이 넘치지 않고 남은 부분이 있으면 처음 컵의 담을 수 있는 양이 더 적은 것입니다.

(2) 두 컵에 물을 가득 담아 똑같은 두 물통에 각각 부어 봅니다. 이때 물이 더 높이 올라온 쪽의 컵의 담을 수 있는 양이 더 많은 것입니다.

**질문 ❷** 세 그릇의 담을 수 있는 양을 비교하는 글을 써 보세요.

**설명하기** 페트병이 컵보다 담을 수 있는 양이 더 많습니다.
컵이 페트병보다 담을 수 있는 양이 더 적습니다.
양동이가 페트병보다 담을 수 있는 양이 더 많습니다.
페트병이 양동이보다 담을 수 있는 양이 더 적습니다.
양동이가 담을 수 있는 양이 가장 많습니다.
컵이 담을 수 있는 양이 가장 적습니다.

**1** 알맞은 말에 ○표 해 보세요.

(1) 왼쪽 컵에 담긴 물의 양은 오른쪽 컵에 담긴 물의 양보다 더 ( 많습니다, 적습니다 ).

(2) 오른쪽 컵에 담긴 물의 양은 왼쪽 컵에 담긴 물의 양보다 더 ( 많습니다, 적습니다 ).

**2** 담을 수 있는 양이 가장 적은 물병에 ○표 해 보세요.

**3** 담을 수 있는 양이 가장 많은 것에 ○표 해 보세요.

**4** 가장 많은 물이 들어 있는 어항을 골라 ○표 해 보세요.

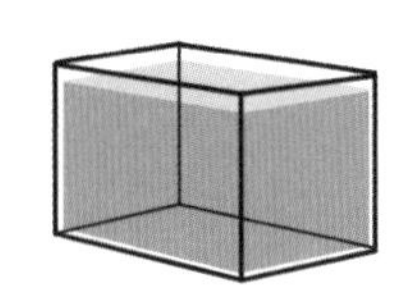
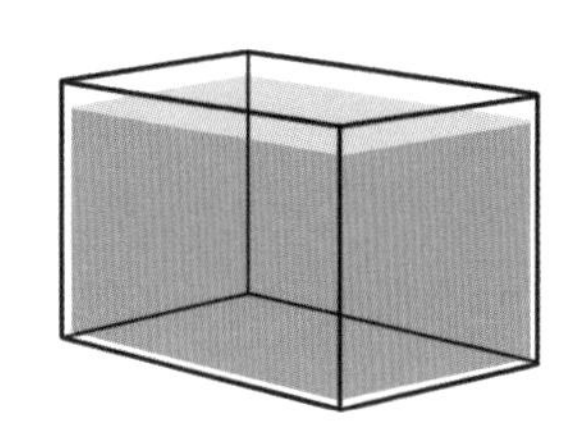

**5** 바르게 설명한 친구의 이름을 써 보세요.

둘 다 물이 가득 찼으니까 물의 양은 같아.

둘 다 물이 가득 찼지만, 왼쪽 통이 더 크니까
왼쪽 통에 담긴 물의 양이 더 많아.

(　　　　　　　　)

**6** 약수터에서 더 빨리 물을 다 받는 친구는 누구인지 이름을 써 보세요.

(　　　　　　　　)

# 식탁 차리기

식탁을 예쁘게 차리려면 어떻게 해야 할까요?

1. 음식을 담기 전 빈 그릇을 꺼내 놓고, 어떤 그릇이 좋을지 생각해 봐요. 음식의 종류, 크기, 양, 색깔을 생각해서 그릇을 골라요. 국물이 있으면 깊이가 있는 그릇이 좋아요.

2. 고른 그릇을 식탁에 놓아요. 그릇을 식탁에 놓는 방법은 다양해요.

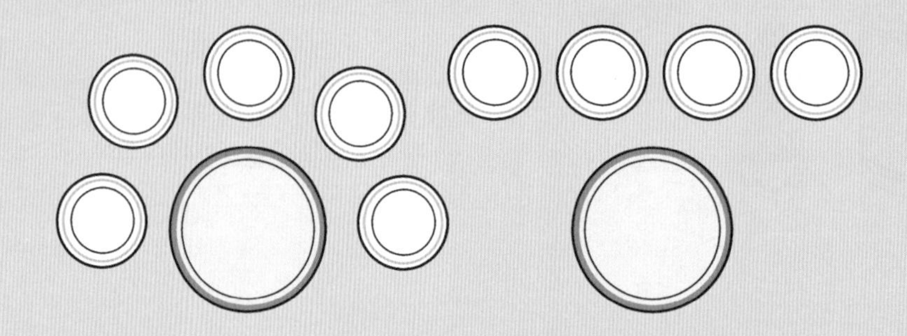

3. 그릇을 도화지라 생각하고 요리의 색과 모양을 생각해서 그릇에 음식을 담아요.

4. 음식 위에 검은깨, 파, 달걀, 치즈 등을 어울리게 놓아요.

오늘은 여러분이 식탁을 차려 가족과 즐거운 식사를 해 보는 것이 어떨까요?

**1** 식탁을 예쁘게 차리는 방법이 아닌 것을 고르세요. (        )

① 어떤 그릇에 음식을 담을지 생각해 본다.
② 고른 그릇을 다양한 방법으로 놓아 본다.
③ 그릇에 음식을 담아 흔든다.
④ 그릇을 도화지라 생각하고 음식을 예쁘게 담는다.
⑤ 음식 위에 파, 깨 등을 어울리게 놓는다.

**2** 각 음식에 어울리는 그릇을 찾아 선으로 이어 보세요.

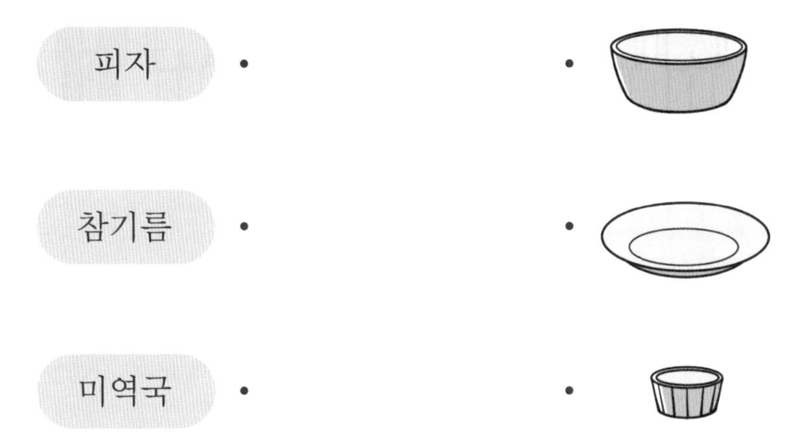


**3** 담을 수 있는 양이 가장 많은 그릇을 골라 ○표 해 보세요.

**4** 찌개가 더 많이 들어 있는 그릇을 골라 ○표 해 보세요.

우리 민족 대표 33인은 조선이 독립적인 국가이며
조선인이 자주적인 민족임을 선언한다!!

## step 1 30초 개념

• 50까지의 수를 10개씩 묶음과 낱개로 나타냅니다.

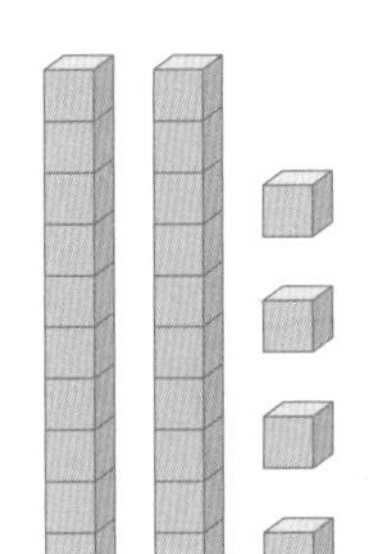

24

이십사 스물넷

10개씩 묶음 2개와 낱개 4개를 24라고 합니다.

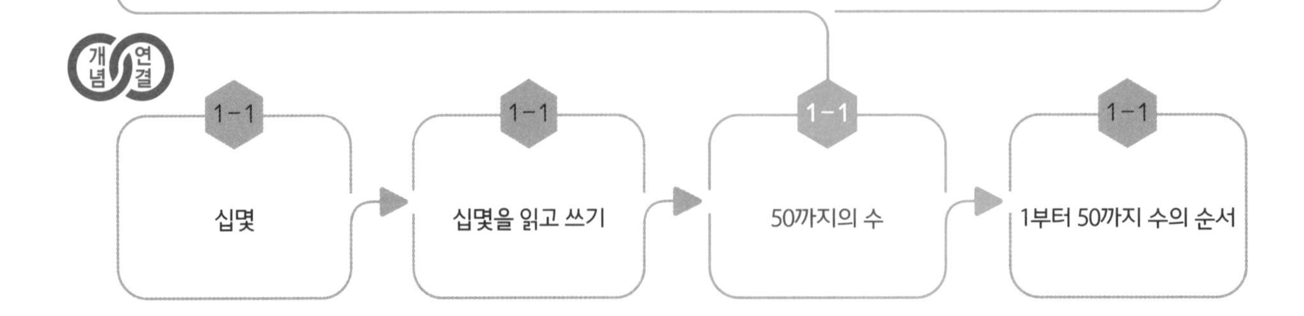

공부한 날 월 일

## step 2 설명하기

**질문 ❶** 빈칸을 채워 보세요.

| 11 | 12 | | 14 | 15 | | 17 | | 19 |
|---|---|---|---|---|---|---|---|---|
| 십일 | | 십삼 | 십사 | | 십육 | | 십팔 | 십구 |
| 열하나 | 열둘 | | 열넷 | 열다섯 | 열여섯 | | 열여덟 | |

설명하기

| 11 | 12 | 13 | 14 | 15 | 16 | 17 | 18 | 19 |
|---|---|---|---|---|---|---|---|---|
| 십일 | 십이 | 십삼 | 십사 | 십오 | 십육 | 십칠 | 십팔 | 십구 |
| 열하나 | 열둘 | 열셋 | 열넷 | 열다섯 | 열여섯 | 열일곱 | 열여덟 | 열아홉 |

**질문 ❷** 빈칸을 채워 보세요.

| 21 | | 23 | 24 | | 26 | 27 | | 29 | 30 |
|---|---|---|---|---|---|---|---|---|---|
| 이십일 | 이십이 | | 이십사 | 이십오 | | 이십칠 | 이십팔 | 이십구 | |
| 스물하나 | 스물둘 | | 스물넷 | 스물다섯 | 스물여섯 | 스물일곱 | | | 서른 |
| | 32 | 33 | | 35 | 36 | | 38 | 39 | |
| 삼십일 | 삼십이 | | 삼십사 | 삼십오 | | 삼십칠 | 삼십팔 | | 사십 |
| 서른하나 | 서른둘 | 서른셋 | | 서른다섯 | 서른여섯 | | 서른여덟 | 서른아홉 | |
| 41 | 42 | | 44 | 45 | | 47 | 48 | | 50 |
| 사십일 | | 사십삼 | | 사십오 | 사십육 | 사십칠 | 사십팔 | 사십구 | 오십 |
| | 마흔둘 | 마흔셋 | | 마흔다섯 | 마흔여섯 | | 마흔여덟 | 마흔아홉 | |

설명하기

| 21 | 22 | 23 | 24 | 25 | 26 | 27 | 28 | 29 | 30 |
|---|---|---|---|---|---|---|---|---|---|
| 이십일 | 이십이 | 이십삼 | 이십사 | 이십오 | 이십육 | 이십칠 | 이십팔 | 이십구 | 삼십 |
| 스물하나 | 스물둘 | 스물셋 | 스물넷 | 스물다섯 | 스물여섯 | 스물일곱 | 스물여덟 | 스물아홉 | 서른 |
| 31 | 32 | 33 | 34 | 35 | 36 | 37 | 38 | 39 | 40 |
| 삼십일 | 삼십이 | 삼십삼 | 삼십사 | 삼십오 | 삼십육 | 삼십칠 | 삼십팔 | 삼십구 | 사십 |
| 서른하나 | 서른둘 | 서른셋 | 서른넷 | 서른다섯 | 서른여섯 | 서른일곱 | 서른여덟 | 서른아홉 | 마흔 |
| 41 | 42 | 43 | 44 | 45 | 46 | 47 | 48 | 49 | 50 |
| 사십일 | 사십이 | 사십삼 | 사십사 | 사십오 | 사십육 | 사십칠 | 사십팔 | 사십구 | 오십 |
| 마흔하나 | 마흔둘 | 마흔셋 | 마흔넷 | 마흔다섯 | 마흔여섯 | 마흔일곱 | 마흔여덟 | 마흔아홉 | 쉰 |

step 3 개념 연결 문제

**1** 보기 와 같이 ○를 그려 수를 세어 보세요.

보기

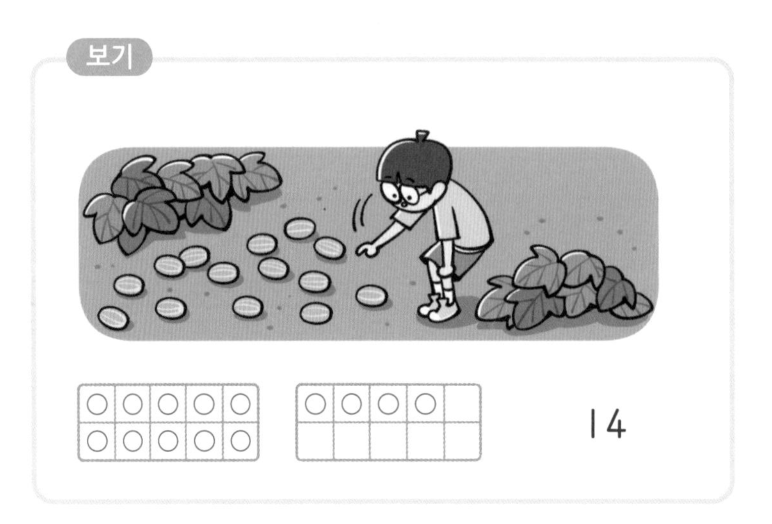

| ○ | ○ | ○ | ○ | ○ |
|---|---|---|---|---|
| ○ | ○ | ○ | ○ | ○ |

| ○ | ○ | ○ | ○ |  |
|---|---|---|---|---|
|  |  |  |  |  |

14

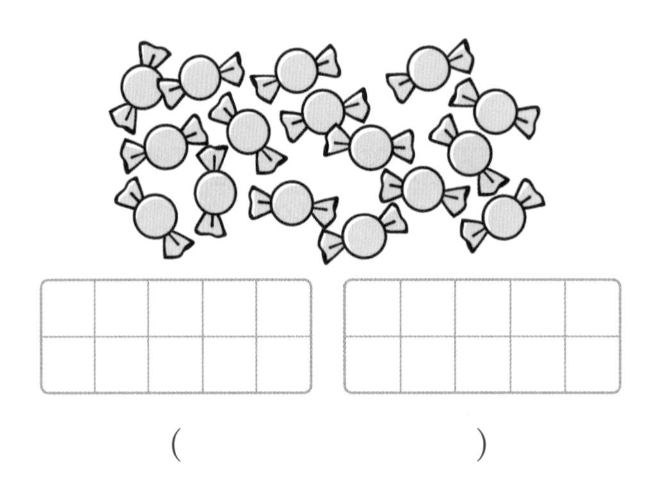

| | | | | |
|---|---|---|---|---|
| | | | | |

| | | | | |
|---|---|---|---|---|
| | | | | |

(　　　　　　　)

**2** 10개씩 묶고 수를 세어 보세요.

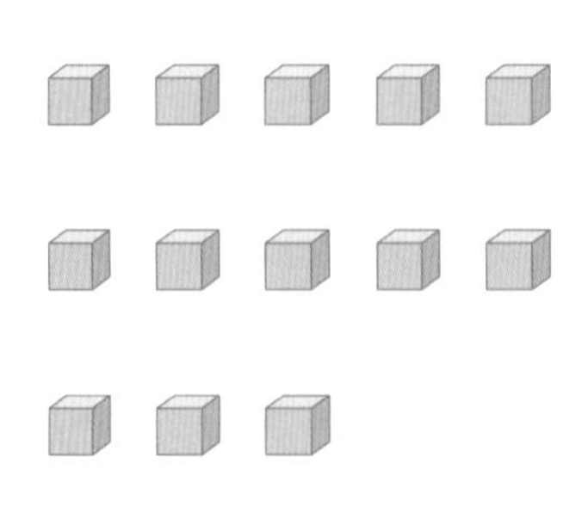

(　　　　　　　)

**3** 41개인 것을 찾아 ○표 해 보세요.

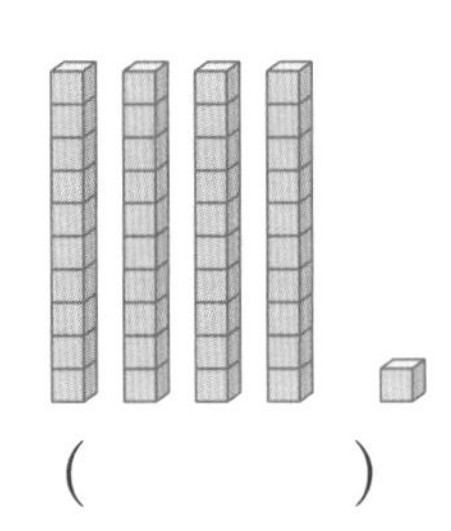

(　　　)

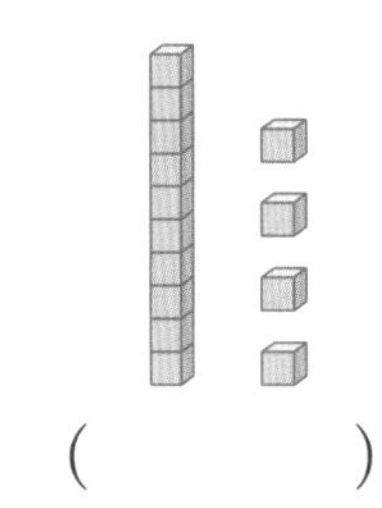

(　　　)

**4** 같은 수끼리 선으로 이어 보세요.

   · · 16 · · 십육

 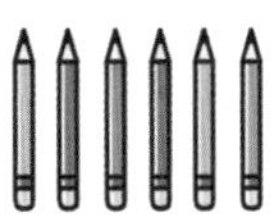 · · 23 · · 삼십이

 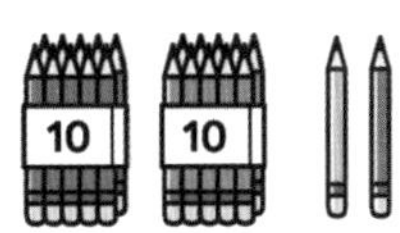  · · 32 · · 이십삼

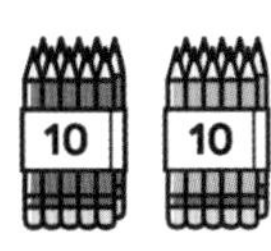

## step 4 도전 문제

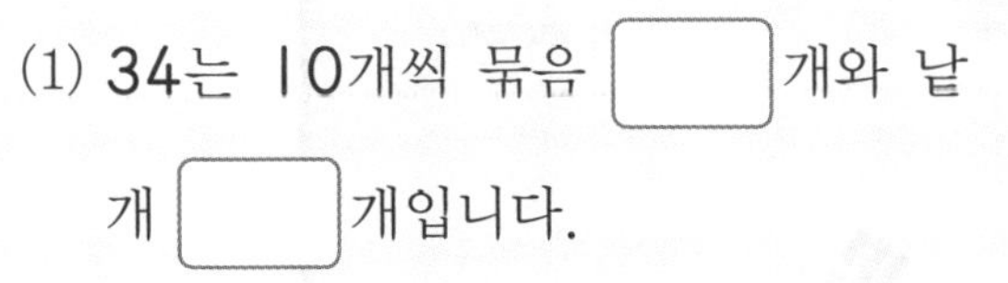

**5** □ 안에 알맞은 수를 써넣으세요.

(1) 34는 10개씩 묶음 □개와 낱개 □개입니다.

(2) □은 10개씩 묶음 3개와 낱개 8개입니다.

**6** □가 몇 개인지 세어 수를 써 보세요.

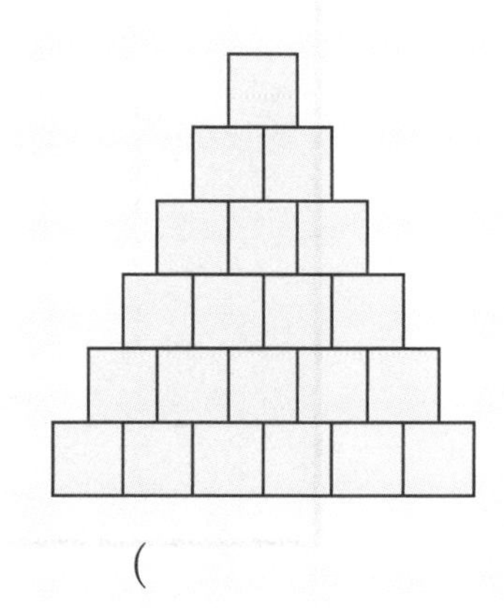

(　　　　　　)개

# 태극기

국기는 나라를 대표하는 그림이 담긴 깃발이에요. 우리나라 대한민국의 국기는 다음과 같이 생겼어요. 하얀 바탕 위에 빨간색과 파란색이 사이좋게 그려져 있고, 검은색 막대가 여러 개 있어요. 태극기가 어떤 의미를 가지고 있는지 알아봐요.

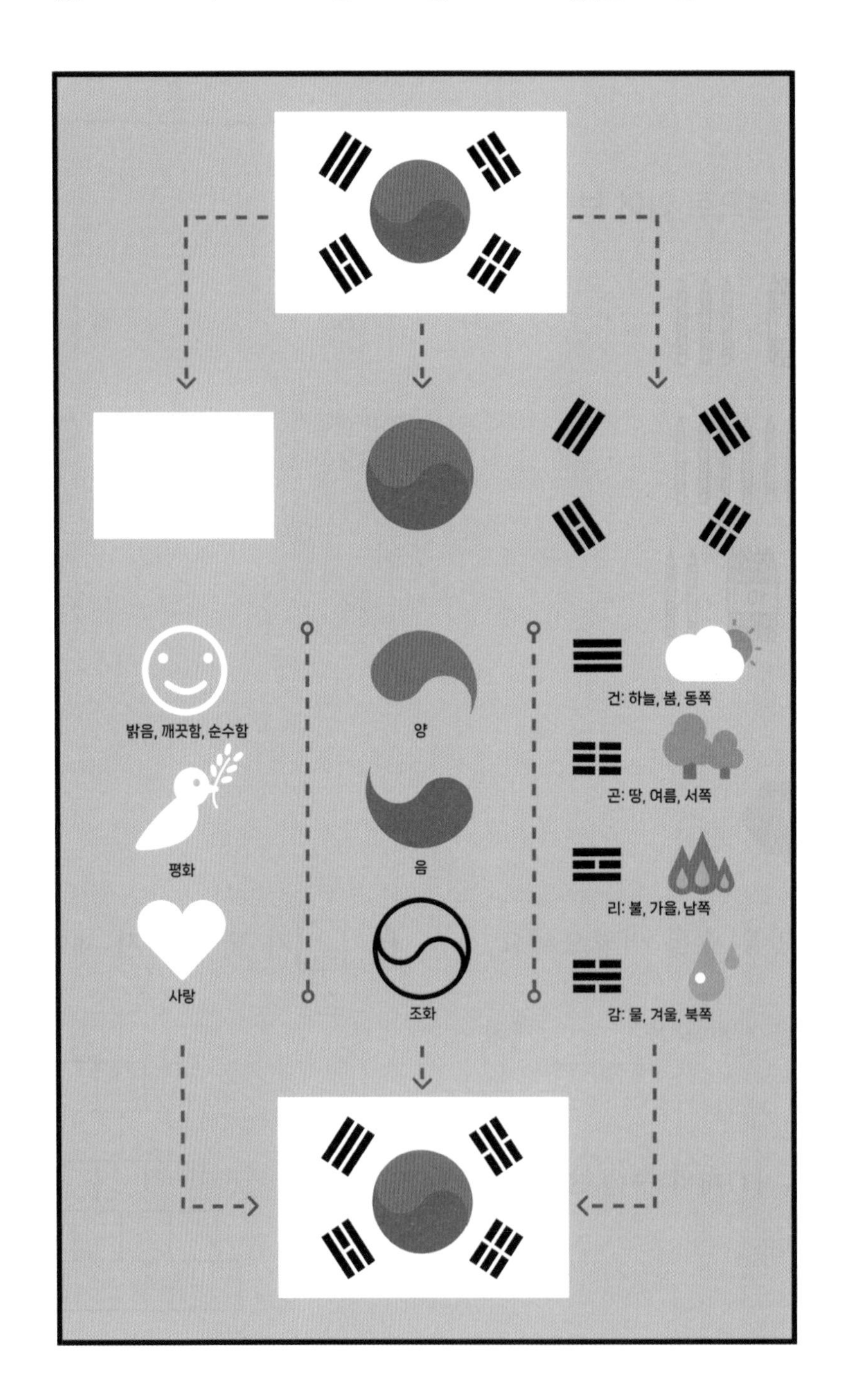

**1** 태극기에 들어가지 않은 색을 고르세요. (　　　　)

① 흰색　　② 검은색　　③ 노란색　　④ 빨간색　　⑤ 파란색

**2** 태극기의 흰색이 뜻하지 않는 것을 고르세요. (　　　　)

① 밝음　　② 순수함　　③ 깨끗함　　④ 사랑　　⑤ 욕심

**3** 태극기의 검은 막대는 모두 몇 개인지 10개씩 묶어서 세어 보세요.

(　　　　　　　　)개

**4** 다른 나라도 국기를 가지고 있어요. 다른 나라의 국기에 별이 모두 몇 개인지 세어 보세요.

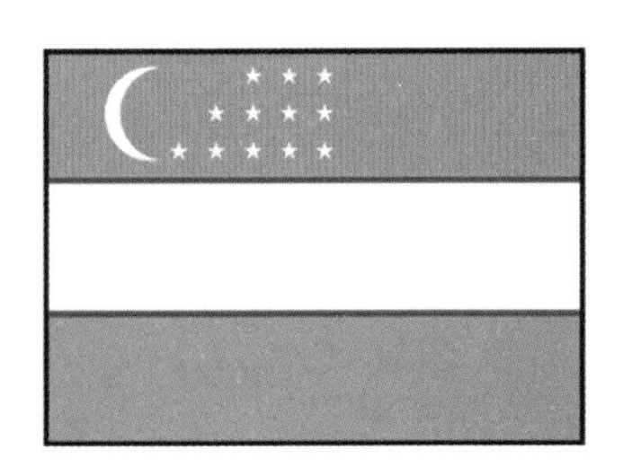

(　　　　　　　　)개

# 수의 크기 비교

## step 1 30초 개념

• 두 수의 크기를 비교하여 다음과 같이 '크다', '작다'라고 말합니다.

39 41

39는 41보다 작습니다.
41은 39보다 큽니다.

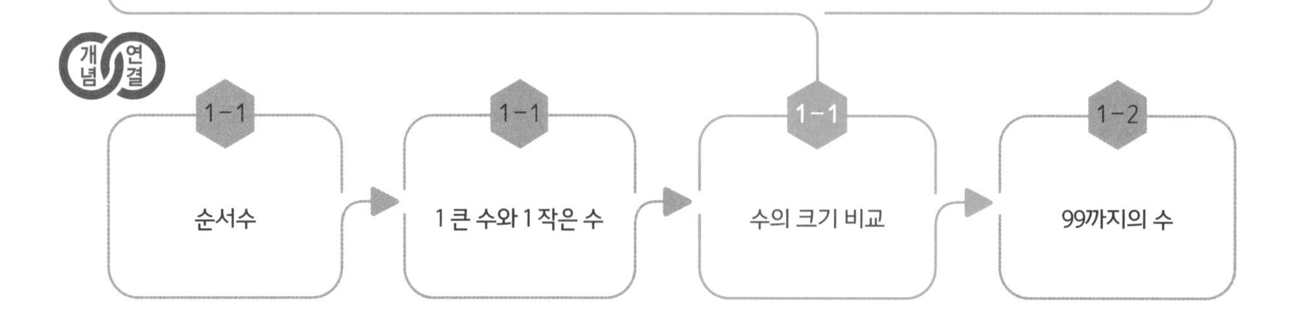

질문 ❶ 세 수 23, 33, 42의 크기를 비교하는 글을 써 보세요.

설명하기 먼저 23과 33을 비교하면 33이 23보다 큽니다.
이제 33, 42를 비교하면 42가 33보다 큽니다.
따라서 42가 가장 크고, 23이 가장 작습니다.

질문 ❷ 구슬 줄에서 수의 크기를 비교하는 글을 써 보세요.

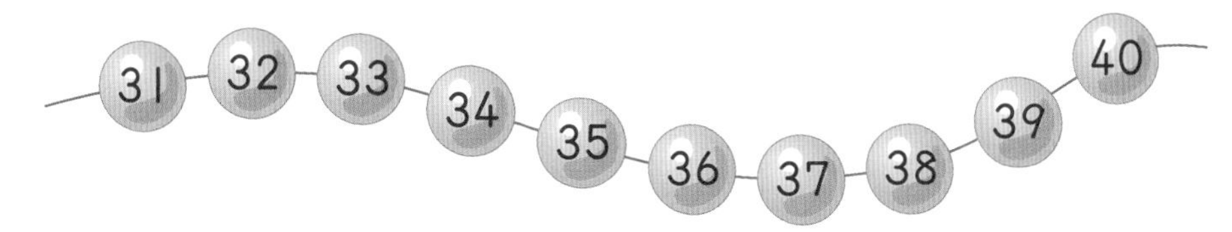


설명하기 구슬 줄에서 오른쪽에 있는 수는 왼쪽에 있는 수보다 크고, 왼쪽에 있는 수는 오른쪽에 있는 수보다 작습니다. 그림에서 보면 40이 가장 큰 수이고, 31이 가장 작은 수입니다.

수의 크기를 비교할 때 십의 자리부터 비교하면 쉽습니다.
십의 자리를 비교해서 큰 수가 더 큰 수입니다.
십의 자리가 같다면 일의 자리가 큰 수가 더 큰 수입니다.

**1** 빈 곳에 알맞은 수를 써넣으세요.

1 3 5 7 9 11 13 15 17 19 21 ( ) 25

2 4 6 8 10 12 14 ( ) 18 20 22 24

( ) 29 31 33 35 37 39 41 43 ( ) 47 49

26 28 ( ) 32 34 ( ) 38 40 ( ) 44 46 48 ( )

**2** 빈칸에 알맞은 수를 써넣으세요.

(1)

| 1 작은 수 | 44 | 1 큰 수 |
|---|---|---|
|  |  |  |

(2)

| 1 작은 수 | 39 | 1 큰 수 |
|---|---|---|
|  |  |  |

(3)

| 10 작은 수 | 28 | 10 큰 수 |
|---|---|---|
|  |  |  |

(4)

| 10 작은 수 | 11 | 10 큰 수 |
|---|---|---|
|  |  |  |

**3** 더 큰 수에 ○표 해 보세요.

(1)

| 19 | 21 |
|---|---|

(2)

| 32 | 40 |
|---|---|

(3)

| 49 | 44 |
|---|---|

(4)

| 13 | 17 |
|---|---|

**4** 가장 작은 수에 ○표, 가장 큰 수에 △표 해 보세요.

41　　22　　19　　18

**5** 알맞은 말에 ○표 해 보세요.

| 17 | 32 |
|---|---|

(1) 32보다 17이 ( 큽니다 , 작습니다 ).

(2) 17보다 32가 ( 큽니다 , 작습니다 ).

## step 4 도전 문제

**6** **엘리베이터는 1층에서 출발하여 위로 올라갑니다. 가장 먼저 멈추는 층부터 순서대로 써 보세요.**

(　　　　　　　　　　)

**7** **보기의 조건을 모두 만족하는 수를 써 보세요.**

보기
- 10개씩 묶음이 3개, 낱개가 8개인 수보다 큰 수
- 40보다 작은 수

(　　　　　　　　　　)

# 버스표

버스표에는 다양한 정보가 담겨 있어요. 버스표를 보고 어떤 정보들을 알 수 있을까요?

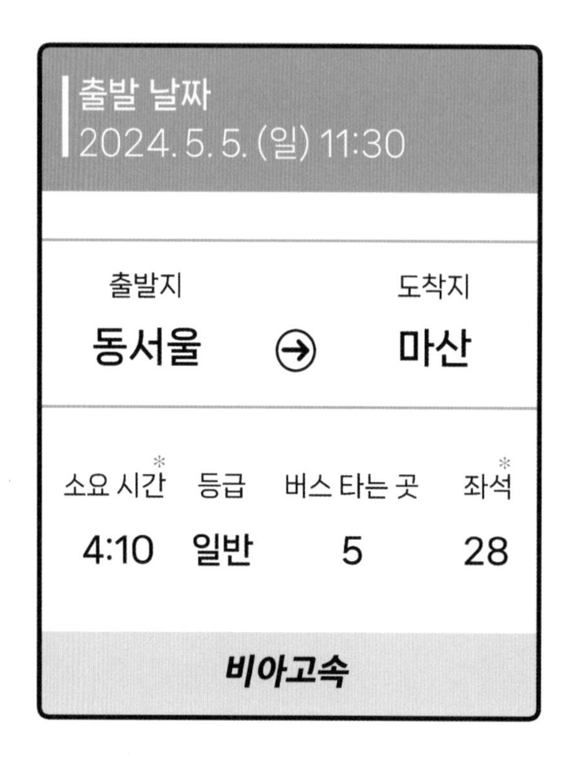


1. 버스가 언제 출발하는지, 출발 날짜와 시각이 적혀 있어요.
2. 버스가 어디에서 출발하고 어디에 도착하는지 적혀 있어요.
3. 도착할 때까지 얼마나 오래 걸리는지 적혀 있어요.
4. 버스를 어디에서 타는지, 정류장 번호가 적혀 있어요.
5. 내가 앉을 자리의 번호가 적혀 있어요.

* **소요 시간**: 출발지에서 도착지까지 가는데 걸리는 시간
* **좌석**: 앉을 수 있게 마련된 자리

**1** 버스표를 보고 알 수 없는 것을 고르세요. (　　　　)

① 출발하는 날짜　　② 출발하는 시각　　③ 출발하는 곳
④ 도착하는 곳　　⑤ 버스 요금

**2** 버스표를 보고 버스를 어디에서 타야 하는지 알맞은 정류장에 ○표 해 보세요.

**3** 버스표를 보고 세 종류의 버스에서 각각 어디에 앉아야 하는지 알맞은 자리를 찾아 색칠해 보세요.

(1)

운전석
출입문
1 2 3 4 5 6 7 8 9 10 11 12 13 14 15 16 17 18 19 20 21 22 23 24 25 26 27 28 29 30 31 32 33 34 35 36 37 38 39 40 41 42 43 44 45

(2)

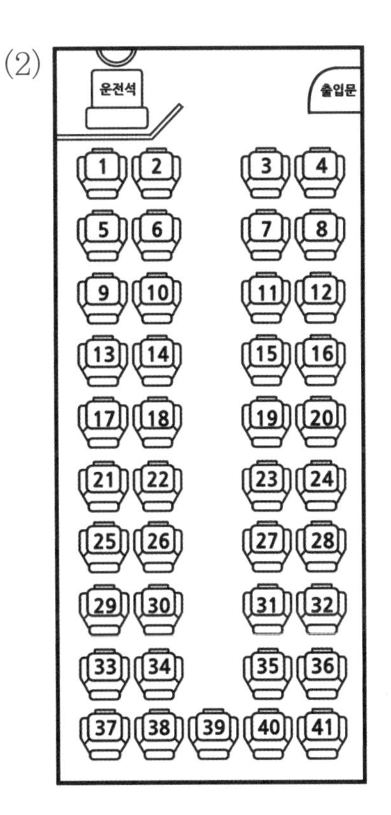


(3)

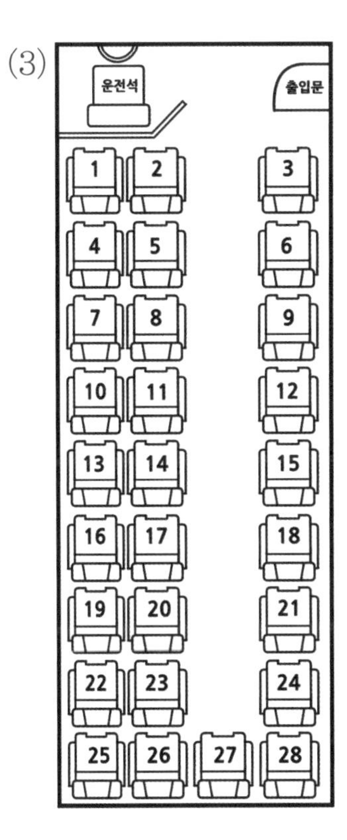


**4** 문제 3의 버스 중 가장 많은 사람을 태울 수 있는 것은 몇 번 버스인지 써 보세요.

(　　　　)번 버스

## 01 1부터 9까지 세고 쓰기

**step 3 개념 연결 문제** 012~013쪽

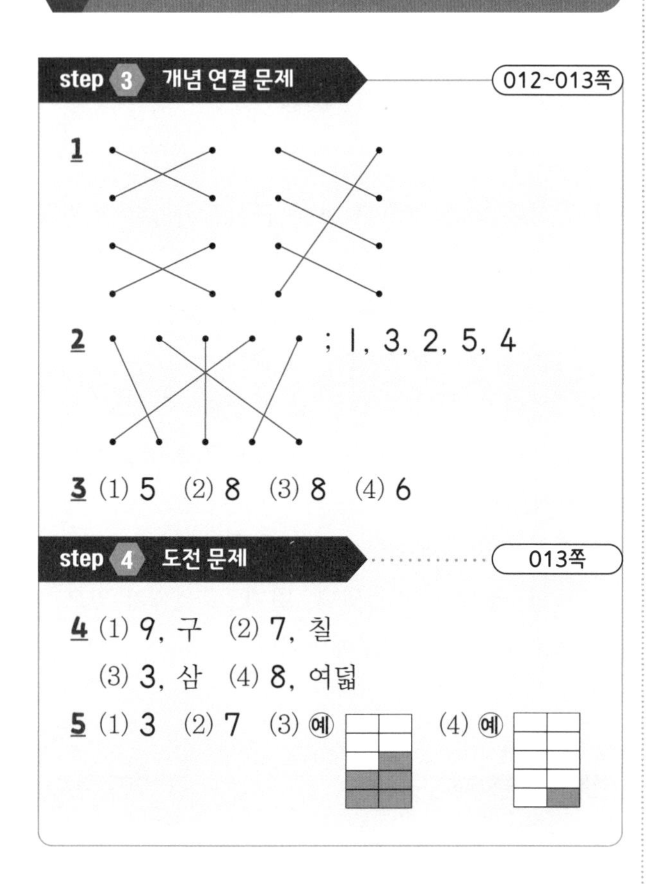

**1**

**2** ; 1, 3, 2, 5, 4

**3** (1) 5 (2) 8 (3) 8 (4) 6

**step 4 도전 문제** 013쪽

**4** (1) 9, 구 (2) 7, 칠
(3) 3, 삼 (4) 8, 여덟

**5** (1) 3 (2) 7 (3) 예 (4) 예

**2** 물건과 막대의 개수가 같은지 하나씩 세어 확인하고, 숫자를 씁니다.

**3** 손가락 위에 숫자를 적어 가며 세거나, 손가락에 하나씩 동그라미를 그리며 수를 세면 손가락의 수를 잘 셀 수 있습니다.

**4** (1), (2) 버스나 지하철의 번호를 읽을 때는 '아홉', '일곱'이 아니라 '구', '칠'로 읽습니다.
(3) 달력의 월, 일을 읽을 때는 '삼'으로 읽습니다.
(4) 개수를 셀 때는 '여덟'으로 읽습니다.

**5** (3), (4) 칠한 칸의 모양이 달라도 칠한 칸의 개수가 맞으면 정답입니다.

**step 5 수학 문해력 기르기** 015쪽

**1** ② **2** ④
**3** ⑤ **4** ⑤
**5** (1) 다섯에 ○표 (2) 네에 ○표
(3) 일에 ○표

**1** 일기의 첫 줄을 보면 오늘은 친구들과 공기놀이를 배웠다고 되어 있으므로 오늘 한 놀이는 공기놀이입니다.

**2** 일기의 위에는 날씨를 쓰는 칸이 있습니다. 맑음에 ○표 되어 있으므로 오늘 날씨는 맑았습니다.

**3** 공기놀이는 돌멩이처럼 작은 공깃돌 5알을 가지고 하는 놀이입니다.

**4** 1등은 하지 못했지만 꾸준히 노력하겠다는 마음이 쓰여 있습니다.

**5** (1), (2) 개수를 셀 때는 하나, 둘, 셋, 넷, 다섯과 같이 수를 셉니다.
(3) 등수를 말할 때는 일, 이, 삼, 사, 오와 같이 수를 읽습니다.

## 02 수의 순서

**step 3 개념 연결 문제** 018~019쪽

**1** (1) 3, 5 (2) 7, 8 (3) 7, 8 (4) 2, 4

**2**

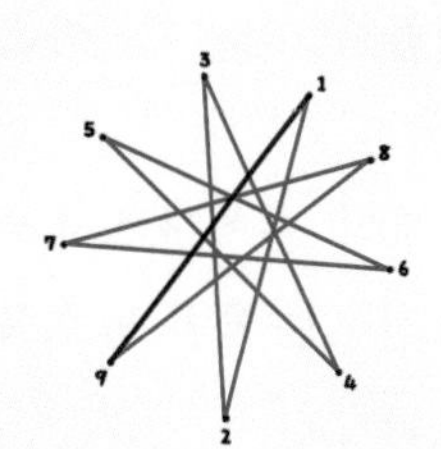

**3** (1) 둘째, 셋째 (2) 여섯째, 일곱째
(3) 넷째, 여섯째 (4) 둘째, 넷째

**step 4 도전 문제** 019쪽

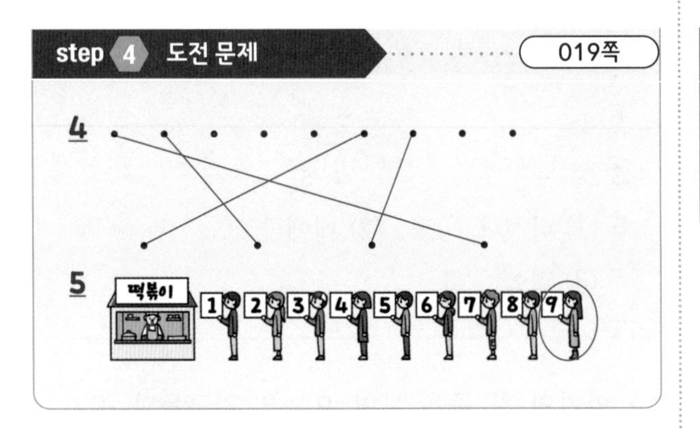


**1** (1) 2부터 순서대로 수를 쓰면 2, 3, 4, 5입니다.
(2) 6부터 순서대로 수를 쓰면 6, 7, 8, 9입니다.
(3) 5부터 순서대로 수를 쓰면 5, 6, 7, 8입니다.
(4) 1부터 순서대로 수를 쓰면 1, 2, 3, 4입니다.

**2** 1부터 순서대로 수를 쓰면 1, 2, 3, 4, 5, 6, 7, 8, 9입니다.

**3** (1) 첫째부터 순서대로 나타내면 첫째, 둘째, 셋째, 넷째입니다.
(2) 다섯째부터 순서대로 나타내면 다섯째, 여섯째, 일곱째, 여덟째입니다.
(3) 셋째부터 순서대로 나타내면 셋째, 넷째, 다섯째, 여섯째입니다.
(4) 둘째부터 순서대로 나타내면 둘째, 셋째, 넷째, 다섯째입니다.

**4** 앞에서부터 순서대로 첫째, 둘째, 셋째, 넷째, 다섯째, 여섯째, 일곱째, 여덟째, 아홉째입니다.

**5** 번호표는 먼저 온 사람부터 순서대로 1부터 뽑습니다. 아홉째로 온 친구는 9번 번호표를 뽑습니다.

**step 5 수학 문해력 기르기** 021쪽

**1** ② **2** ③
**3** ① **4** ③

**1** 점심을 먹는 곳으로 보아 급식실이라는 것을 알 수 있습니다.

**2** 먼저 서 있던 친구의 표정에서 좋은 기분보다는 화난 기분을 알 수 있습니다.

**3** 가을이가 끼어든 곳은 앞에 첫째, 둘째로 점심을 먼저 받는 친구들이 있으므로 가을이는 셋째입니다.

**4** 가을이의 앞에 있는 친구들을 순서대로 세어 보면, 첫째, 둘째, 셋째, 넷째, 다섯째가 있으므로 가을이는 여섯째입니다.

## 03 수의 크기 비교

**step 3 개념 연결 문제** 024~025쪽

**1** 8, 7, 5, 3, 2
**2** (1) 작습니다에 ○표 (2) 큽니다에 ○표
**3** (1) 2 (2) 4
**4** 8, 6, 7, 9에 ○표
**5** (1) 4 (2) 7 (3) 6 (4) 8
**6** (1) 2 (2) 4 (3) 7 (4) 9

**step 4 도전 문제** 025쪽

**7** 7, 5
**8** 7에 ○표, 2에 △표

**1** 9에서 1까지 큰 수부터 순서대로 쓰면 9, 8, 7, 6, 5, 4, 3, 2, 1입니다.

**4** 5보다 큰 수는 6, 7, 8, 9입니다.

**5** (1) 쌓기나무 개수는 3개입니다. 3보다 1 큰 수는 4입니다.

(2) 쌓기나무 개수는 6개입니다. 6보다 1 큰 수는 7입니다.

(3) 쌓기나무 개수는 5개입니다. 5보다 1 큰 수는 6입니다.

(4) 쌓기나무 개수는 7개입니다. 7보다 1 큰 수는 8입니다.

**7** 4보다 큰 수는 5, 6, 7, 8, 9입니다. 그중 8보다 작은 수는 5, 6, 7입니다. 보기에 있는 수는 5, 7이고, 7이 5보다 더 큽니다.

**step 5 수학 문해력 기르기** 027쪽

**1** 봄에 ○표 **2** ③

**3** 3, 9, 5, 7, 4, 2

**4** 상추, 고추, 나팔꽃, 봉숭아, 옥수수, 분꽃

**1** 봄에 씨앗을 심으면 파릇파릇 새싹이 돋아납니다. 씨앗은 주로 봄에 심습니다.

**2** 글에서는 옥수수, 상추, 나팔꽃, 고추, 봉숭아, 분꽃을 소개했습니다.

**3**

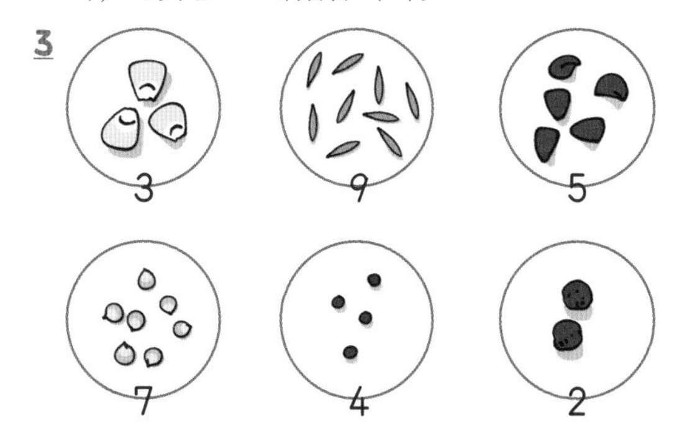


**4** 씨앗의 수가 많은 것부터 순서대로 상추 9개, 고추 7개, 나팔꽃 5개, 봉숭아 4개, 옥수수 3개, 분꽃 2개입니다.

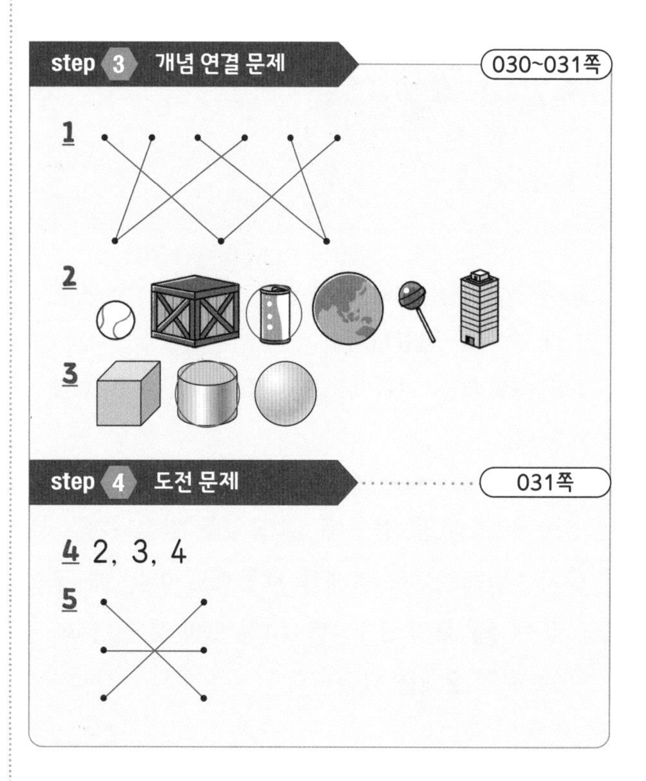


**2** 은 모양입니다. 는 모양입니다. 는 모양입니다. 은 모양입니다. 은 모양입니다.

**3** 동그란 모양이 만져지는 것은 모양과 모양입니다. 그중 기다란 부분이 있고 세우면 쌓을 수 있는 것은 모양입니다. 모양은 쌓기 어렵습니다.

**5** 첫 번째 사진에는 뾰족한 모양이 보이므로 모양입니다. 두 번째 사진에는 둥근 부분과 납작한 부분이 보이므로 모양입니다. 세 번째 사진에는 공처럼 둥근 모습만 보이므로 모양입니다.

## step 5 수학 문해력 기르기 (033쪽)

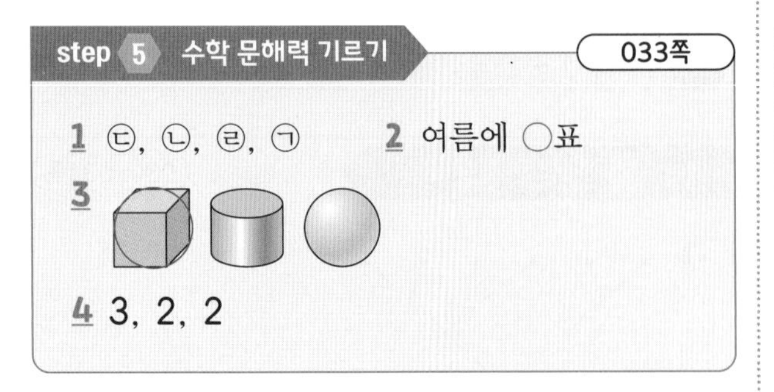

1 ㉢, ㉡, ㉣, ㉠ 2 여름에 ○표

3

4 3, 2, 2

1 사슴벌레는 알에서 애벌레, 번데기, 어른벌레 순서로 변합니다.

2 사슴벌레는 여름에 쉽게 볼 수 있는 곤충입니다.

3 사슴벌레의 애벌레를 도형으로 만들 때 더듬이에 ▯ 모양, 몸통에 ◯ 모양을 썼습니다.

4 사슴벌레의 어른벌레를 도형으로 만들 때 몸통에 ▢ 모양 3개, 뿔에 ▯ 모양 2개, 눈에 ◯ 모양 2개를 썼습니다.

# 05 한 가지 수를 여러 가지로 가르기

## step 3 개념 연결 문제 (036~037쪽)

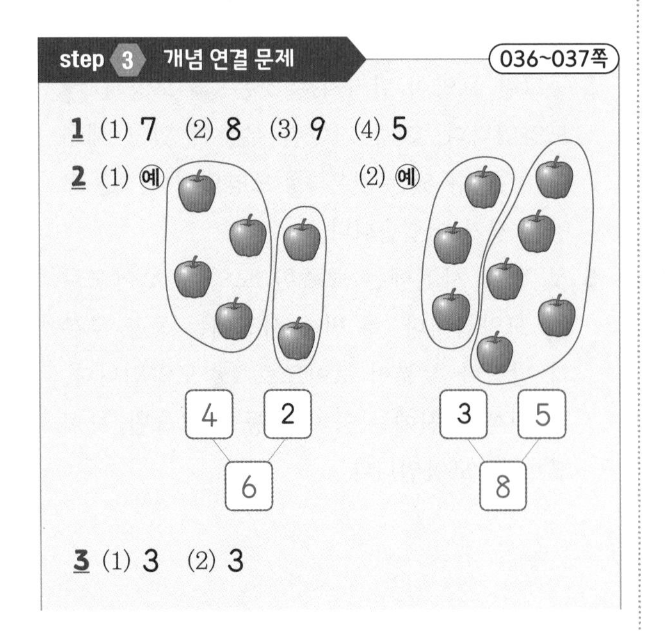

1 (1) 7 (2) 8 (3) 9 (4) 5

2 (1) 예 (2) 예



3 (1) 3 (2) 3

## step 4 도전 문제 (037쪽)

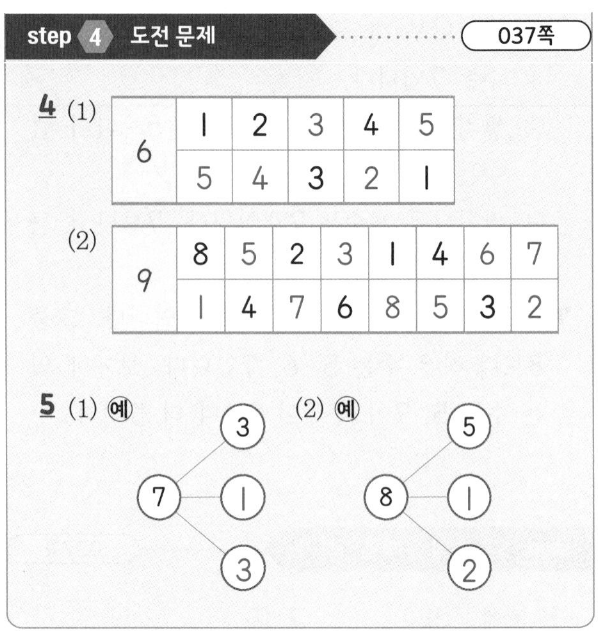

4 (1)

| 6 | 1 | 2 | 3 | 4 | 5 |
|---|---|---|---|---|---|
| | 5 | 4 | 3 | 2 | 1 |

(2)

| 9 | 8 | 5 | 2 | 3 | 1 | 4 | 6 | 7 |
|---|---|---|---|---|---|---|---|---|
| | 1 | 4 | 7 | 6 | 8 | 5 | 3 | 2 |

5 (1) 예 (2) 예



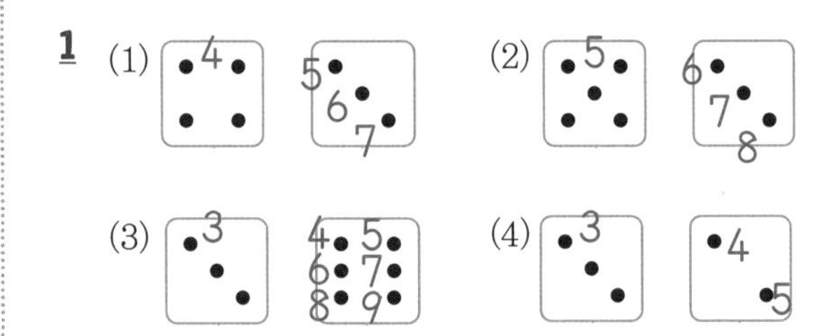

1 (1) (2) (3) (4)



2 (1) 전체 사과 6개를 2, 4개로 가를 수 있습니다.

(2) 전체 사과 8개를 3, 5개로 가를 수 있습니다.

4 (1) 6은 1과 5, 2와 4, 3과 3, 4와 2, 5와 1로 가를 수 있습니다.

(2) 9는 8과 1, 5와 4, 2와 7, 3과 6, 1과 8, 4와 5, 6과 3, 7과 2로 가를 수 있습니다.

5 (1) 7은 3과 4로 가를 수 있습니다. 4는 1과 3, 2와 2로 가를 수 있습니다.

(2) 8은 5와 3으로 가를 수 있습니다. 3은 1과 2로 가를 수 있습니다.

**step 5 수학 문해력 기르기** 039쪽

**1** ①　**2** ⑤
**3** 청소에 ○표　**4** 4

**1** 어느 날, 왕비가 거울에게 누가 가장 아름다운지 물어보았습니다. 거울이 '백설 공주가 가장 아름답다'라고 대답하자 왕비는 화가 나서 백설공주를 숲으로 보냈습니다.
**3** 백설공주는 집을 청소하고, 일곱 난쟁이를 위한 저녁을 준비하고 잠이 들었습니다.
**4** 백설공주가 눈을 뜨자 3명의 난쟁이가 보고 있었습니다. 7은 3과 4로 가를 수 있습니다. 백설공주를 쳐다보고 있지 않은 난쟁이는 4명이었습니다.

## 06 여러 가지 덧셈 방법

**step 3 개념 연결 문제** 042~043쪽

**1** (1) ＋　(2) ＋
**2** (1) 쓰기 5＋4＝9
읽기 예 5 더하기 4는 9와 같습니다.
(2) 쓰기 5＋2＝7
읽기 예 5 더하기 2는 7과 같습니다.
**3** (1) 5　(2) 9　(3) 9
**4** (1) 7; 5＋2＝7　(2) 6; 3＋3＝6
(3) 6; 2＋4＝6　(4) 4; 1＋3＝4

**step 4 도전 문제** 043쪽

**5** (1) 9; 3＋6＝9　(2) 6; 4＋2＝6
**6** 5; 3＋2＝5

**1** ＋는 수를 합할 때 사용합니다.
**2** ＝는 왼쪽과 오른쪽의 수가 같다는 것을 말합니다. 식을 읽을 때는 왼쪽부터 읽습니다.
**3** (1) 4와 1을 모으면 5입니다.
(2) 8과 1을 모으면 9입니다.
(3) 3과 6을 모으면 9입니다.
**5** (1) 3과 6을 모으면 9입니다. 3 더하기 6은 9와 같습니다.
(2) 4와 2를 모으면 6입니다. 4 더하기 2는 6과 같습니다.
**6** 3과 2를 모으면 5, 덧셈식으로 나타내면 3＋2＝5입니다.

**step 5 수학 문해력 기르기** 045쪽

**1** ④　**2** ②
**3** 즐거움에 ○표
**4** 식 3＋4＝7　답 7

**1** 여우가 포도나무에 달린 포도를 뛰고 흔들며 포도를 따 먹으려고 했습니다.
**2** 새가 여우에게 노래를 불러 주며 그늘에서 푹 쉬라고 말해 주었습니다.
**3** 나무 그늘 밑에 누운 여우가 콧노래를 룰루룰루 부르며 웃고 있습니다.
**4** 포도나무에 남은 포도알이 3개와 4개입니다. 포도알의 개수를 구하기 위해서는 3과 4를 더하여 계산합니다.

## 07 여러 가지 뺄셈 방법

### step 3 개념 연결 문제 048~049쪽

**1** (1) — (2) —

**2** (1) 쓰기 $9-7=2$

읽기 예 9 빼기 7은 2와 같습니다.

(2) 쓰기 $4-3=1$

읽기 예 4 빼기 3은 1과 같습니다.

**3** (1) 3 (2) 3 (3) 3

**4** (1) 3; $5-2=3$ (2) 3; $6-3=3$

(3) 5; $7-2=5$ (4) 3; $4-1=3$

### step 4 도전 문제 049쪽

**5** (1) 3; $8-5=3$ (2) 2; $6-4=2$

**6** 5; $7-2=5$

**1** —는 수를 가를 때 사용합니다.

**2** (1) 9는 7과 2로 가를 수 있습니다.

(2) 4는 3과 1로 가를 수 있습니다.

**3** (1) 7은 4와 3으로 가를 수 있습니다.

(2) 6은 3과 3으로 가를 수 있습니다.

(3) 5는 2와 3으로 가를 수 있습니다.

**4** (1) 5는 2와 3으로 가를 수 있습니다. 5 빼기 2는 3과 같습니다.

(2) 6은 3과 3으로 가를 수 있습니다. 6 빼기 3은 3과 같습니다.

(3) 7은 2와 5로 가를 수 있습니다. 7 빼기 2는 5와 같습니다.

(4) 4는 1과 3으로 가를 수 있습니다. 4 빼기 1은 3과 같습니다.

**5** (1) 8은 5와 3으로 가를 수 있습니다. 8 빼기 5는 3과 같습니다.

(2) 6은 4와 2로 가를 수 있습니다. 6 빼기 4는 2와 같습니다.

**6** 7은 2와 5로 가를 수 있습니다. 7 빼기 2는 5와 같습니다.

### step 5 수학 문해력 기르기 051쪽

**1** ⑤ **2** ③

**3** 파랑 팀에 ○표

**4** 식 $8-5=3$ 답 3

**1** 종이 뒤집기 놀이의 준비물은 앞뒤 색깔이 다른 양면 색종이 8장입니다.

**2** 더 많은 색깔이 보이는 팀이 이기기 때문에 우리 팀 색깔이 많을수록 좋습니다.

**3** 빨강 팀은 3장, 파랑 팀은 5장입니다. 5가 3보다 더 크므로 파랑 팀이 이겼습니다.

**4** 전체 색종이 8장을 5장과 3장으로 가를 수 있습니다. 8 빼기 5는 3과 같습니다.

## 08 0이 있는 덧셈과 뺄셈

### step 3 개념 연결 문제 054~055쪽

**1** (1) 5 (2) 3 **2** (1) 0 (2) 4

**3** 식 $7+0=7$ 답 7

**4** 식 $8-8=0$ 답 0

**5** 식 $0+6=6$ 답 6

### step 4 도전 문제 055쪽

**6** (1) 0 (2) 0 **7** (1) 0 (2) 3

**1** (1) 어떤 수에 0을 더하면 수가 늘어나지 않습니다.

(2) 0에 어떤 수를 더하면 더한 수만큼 있습니다.

**2** (1) 어떤 수에서 어떤 수를 빼면 남는 것이 없습니다.

(2) 어떤 수에서 0을 빼면 어떤 수가 그대로 남아 있습니다.

3 7명의 친구들이 있을 때, 아무도 타지 않으면 그대로 7명입니다.

4 8마리의 개구리 중 8마리가 모두 도망가면 남은 개구리는 없습니다. 아무것도 없는 것을 수로 나타내면 0입니다.

5 아무것도 없는 바구니에 귤 6개를 담으면 바구니의 귤은 6개가 됩니다.

6 (1) 0에 0을 더하면 그대로 0입니다.
(2) 0에서 0을 빼면 그대로 0입니다.

7 (1) 1에 어떤 수를 더했을 때 그대로 1이기 위해서는 0을 더해야 합니다. $1+0=1$
(2) 3에서 어떤 수를 뺐을 때 0이 되기 위해서는 3을 모두 빼야 합니다. $3-3=0$

**step 5 수학 문해력 기르기** 057쪽

1 2
2 ㉠, ㉢, ㉡
3 7
4 (식) $9-9=0$ (답) 0

1 처음에 새싹이 2개 났습니다.

2 방울토마토는 싹이 트면 점점 잎의 개수가 많아지고 줄기가 굵어집니다. 꽃봉오리에서 꽃이 피고 꽃이 있던 자리에 열매가 열립니다.

3 9는 2와 7로 가를 수 있습니다. 2개가 익었다면 아직 익지 않은 방울토마토는 남은 7개입니다.

4 9개에서 9개를 모두 먹으면 남은 방울토마토는 없습니다. 9 빼기 9는 0과 같습니다.

## 09 덧셈과 뺄셈의 관계

**step 3 개념 연결 문제** 060~061쪽

1 7, 4, 3 또는 7, 3, 4
2 4; 4, 4, 8
3 (1) 5, 6, 7, 8, 9 (2) 4, 3, 2, 1, 0
(3) 2, 2, 2, 2, 2
4 3, 4, 7; 4, 3, 7
5 9, 6, 3; 9, 3, 6

**step 4 도전 문제** 061쪽

6 (1) + (2) − (3) + 또는 − (4) −
7 8, 9

1 $3+4=7$로 두 가지 뺄셈식을 만들 수 있습니다.

2 8은 4와 4로 가를 수 있습니다. 4와 4를 모으면 8입니다.

3 (1) 더하는 수가 1씩 커지면 계산한 값도 1씩 커집니다.
(2) 빼는 수가 1씩 커지면 계산한 값은 1씩 작아집니다.
(3) 빼어지는 수와 빼는 수가 1씩 커지면 계산한 값은 같습니다.

6 (1) 계산했을 때 더 커지기 위해서는 더하기를 합니다.
(2) 계산한 값이 더 작아지기 위해서는 빼기를 합니다.
(3) 0을 더하거나 빼면 처음 있던 수가 그대로 있습니다.
(4) 9가 0이 되기 위해서는 9를 빼야 합니다.

7 봄이가 가진 과일: $3+5=8$(개)
여름이가 가진 과일: $2+7=9$(개)

**step 5 수학 문해력 기르기** 063쪽

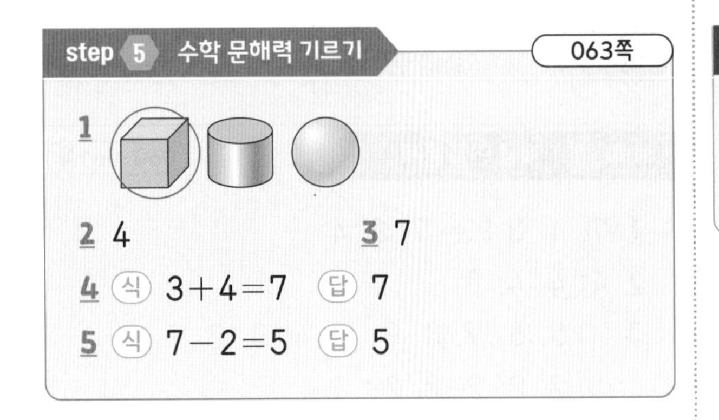

1

2 4　　3 7

4 (식) 3+4=7　(답) 7

5 (식) 7−2=5　(답) 5

1 주사위는 상자 모양으로 ◻ 모양입니다.

2 글에서는 주사위의 비밀 4가지를 알려 주고 있습니다.

3 주사위를 엄지와 검지로 잡았을 때, 두 손가락이 잡은 눈을 더한 수는 항상 7입니다.

4 3과 4를 모으면 7입니다. 3 더하기 4는 7과 같습니다.

5 엄지와 검지로 잡은 눈의 수를 합하면 7입니다. 7은 2와 5로 가를 수 있습니다. 7 빼기 2는 5와 같습니다.

## 10 길이 비교

**step 3 개념 연결 문제** 066~067쪽

1 (1)　(2)

2　3

4

5

**step 4 도전 문제** 067쪽

6 아버지, 봄, 어머니, 누나

7 수호

1 같은 위치에서 시작해서 재었을 때 끝이 더 멀리 있는 것이 더 긴 물건입니다.

2 키를 잴 때 땅에서 더 가까운 사람의 키가 더 작습니다.

3 땅에서 꼭대기가 더 멀리 있는 것이 높은 건물입니다.

4 개울에 더 많이 잠길 수 있는 곳이 깊은 곳입니다.

6 아버지의 머리가 가장 짧고 누나의 머리가 가장 깁니다. 어머니는 봄이보다 머리가 깁니다.

7 키를 잴 때 땅에서 머리 끝이 더 멀리 있는 사람의 키가 더 큽니다.

**step 5 수학 문해력 기르기** 069쪽

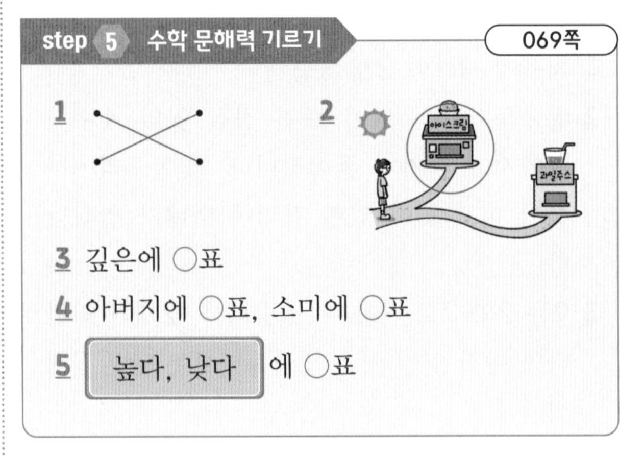

1　2

3 깊은에 ○표

4 아버지에 ○표, 소미에 ○표

5 높다, 낮다 에 ○표

1 소매의 길이는 길다, 짧다로 표현합니다.

3 깊은 물에 빠지면 위험합니다.

5 구조대원 의자의 높이는 높다, 낮다로 표현합니다.

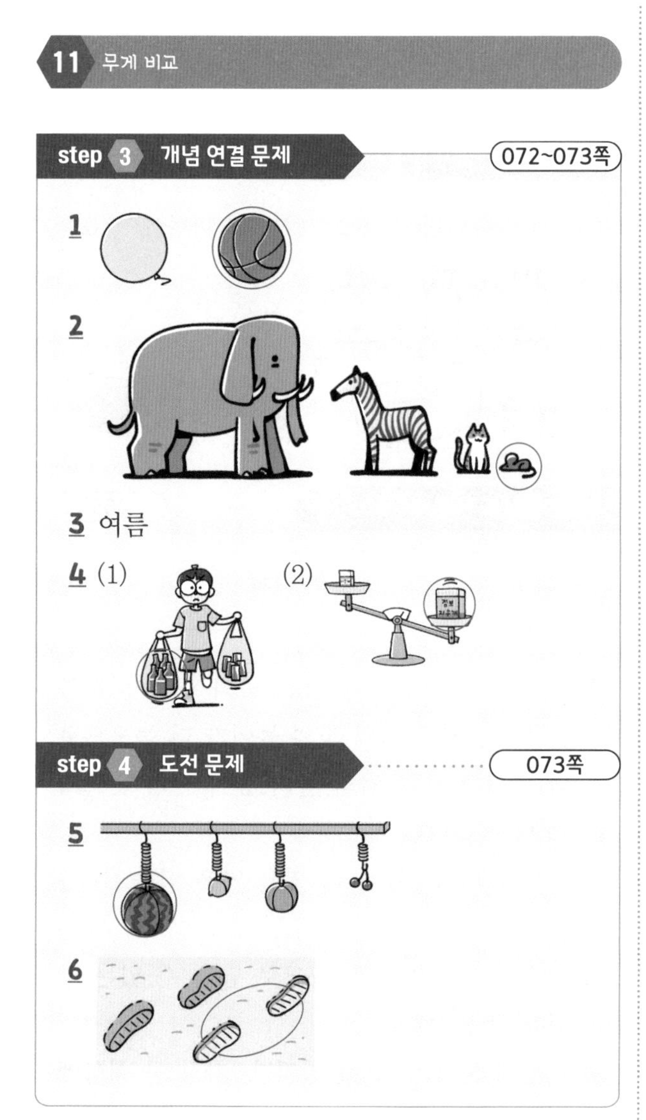


**1** 같은 크기의 농구공이 풍선보다 더 무겁습니다.

**2** 쥐, 고양이, 얼룩말, 코끼리 순으로 가볍습니다.

**3** 봄이보다 겨울이가 더 가볍습니다. 겨울이보다 여름이가 더 가볍습니다.

**4** 양손에 물건을 들었을 때 더 무거운 쪽이 아래로 내려갑니다.

**5** 수박, 배, 레몬, 체리 순서대로 무겁습니다.

**6** 무거운 발자국이 눈에 더 깊게 박힙니다.

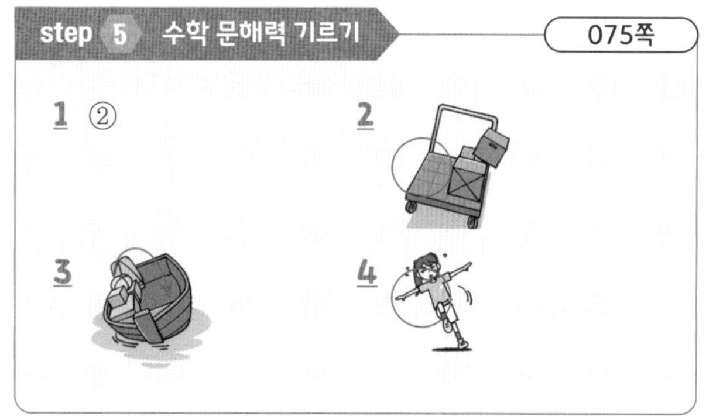


**2** 수레가 기울어진 쪽이 더 무겁습니다.

**3** 배가 왼쪽으로 기울었으므로 왼쪽의 물건을 오른쪽으로 옮겨야 무게의 균형이 잡힙니다.

**4** 몸이 기울어진 쪽이 더 무겁습니다.

**1** 칠판, 태극기, 급훈 액자 순으로 넓습니다.
**2** 우표, 스케치북, 신문 순으로 좁습니다.
**3** 피자 한 판이 더 넓으므로 담으려면 더 넓은 접시가 필요합니다.
**4** 만 원짜리가 오천 원, 천 원짜리 돈을 모두 품을 수 있습니다. 만 원, 오천 원, 천 원 순으로 넓습니다.
**6** 잘린 면을 보면 양배추, 당근, 고추 순으로 넓습니다.

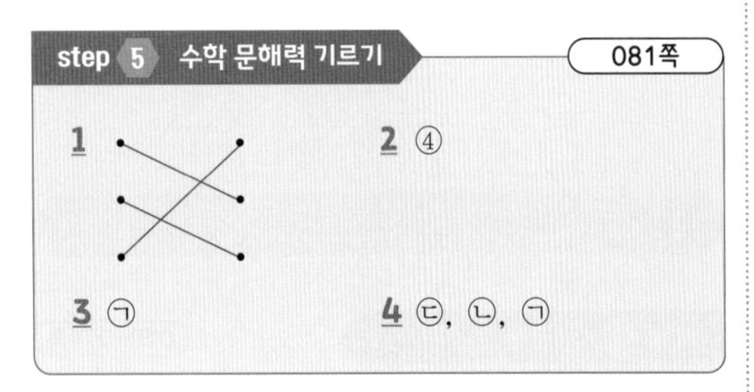


**1** 동그란 달의 모습을 모두 볼 수 있는 달을 보름달이라고 합니다. 눈썹처럼 가는 달은 초승달과 그믐달입니다. 동그란 달의 반쪽만 보이는 달을 반달이라고 합니다.
**3** 초승달은 해가 질 때, 그믐달은 해가 뜨는 새벽에 잠깐 볼 수 있어서 우리가 보기 쉽지 않습니다.
**4** 달의 전체가 보이는 보름달이 가장 넓고, 반만 보이는 반달, 반도 보이지 않는 초승달과 그믐달 순서대로 넓습니다.

## 13 담을 수 있는 양 비교

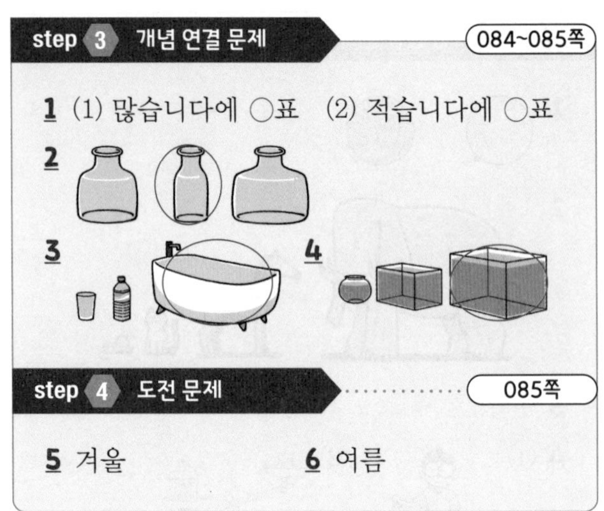


step 4 도전 문제 085쪽

**5** 겨울 **6** 여름

**1** 똑같은 크기의 컵에 담긴 물의 양을 비교하였을 때, 왼쪽 컵의 물의 높이가 더 높으므로 더 많고 오른쪽 컵의 물의 높이가 더 낮으므로 더 적습니다.
**2** 크기가 더 큰 통에 더 많은 양을 담을 수 있습니다.
**3** 욕조의 크기가 가장 크므로 담을 수 있는 양이 가장 많습니다.
**4** 어항에 물이 가득 차 있지만, 가장 큰 어항에 가장 많은 물이 들어 있습니다.
**5** 통의 크기가 클 때, 더 많은 물을 넣을 수 있습니다.
**6** 통의 크기가 작을 때, 더 빨리 물을 채울 수 있습니다.

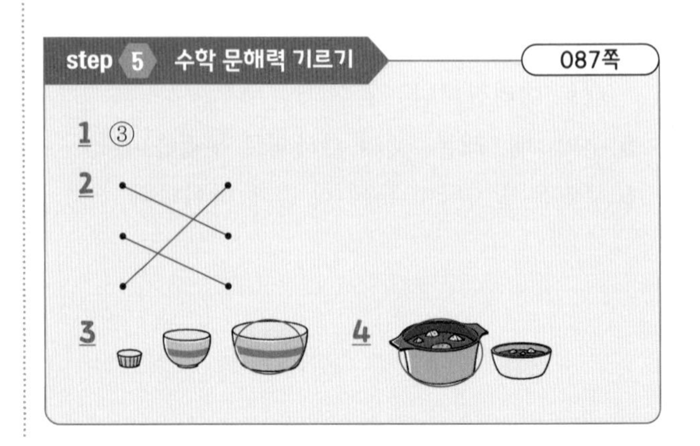

**1** 식탁을 예쁘게 차리는 데는 여러 가지 방법이 있습니다. 어떤 그릇에 담을지 고르고, 사용할 그릇을 식탁에 정리해서 놓아보는 방법, 음식을 예쁘게 담고, 음식 위에 어울리는 재료를 꾸며 주는 방법이 있습니다. 그릇에 음식을 담아 흔들면 예쁘게 담은 음식이 흐트러질 수 있습니다.

**2** 피자는 넓고 납작하니까 넓고 큰 접시에 담습니다. 참기름은 음식을 찍어 먹거나 향을 내기 위해 조금 필요하기 때문에 간장 종지와 같은 작은 그릇에 담습니다. 미역국은 국물이 있으니 깊이가 있는 국그릇에 담습니다.

**4** 국그릇보다 냄비가 더 큽니다. 국그릇보다 냄비에 더 많은 찌개가 들어갑니다.

## 14 50까지의 수

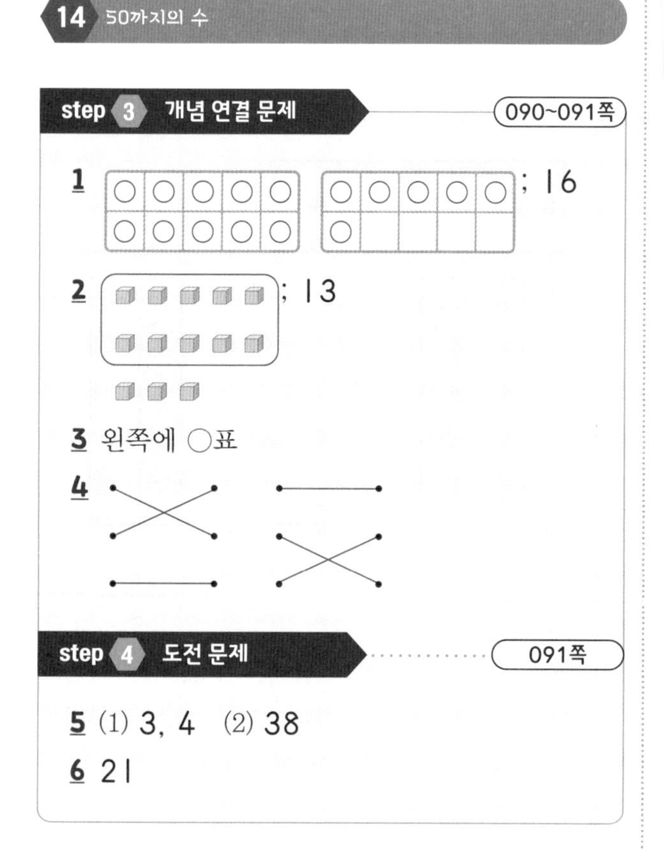


**1** 10개씩 묶으면 1묶음이 나옵니다. 남은 사탕은 6개입니다. 따라서 사탕은 모두 16개입니다.

**2** 일 모형 10개와 3개가 있습니다. 수로 나타내면 13입니다.

**3** 41은 십 모형이 4개, 일 모형이 1개입니다.

**4** 10개씩 묶음 2개와 낱개 3개는 23입니다.
10개씩 묶음 1개와 낱개 6개는 16입니다.
10개씩 묶음 3개와 낱개 2개는 32입니다.

**5** (1) 34는 십의 자리가 3, 일의 자리가 4입니다. 10개씩 묶음 3개와 낱개 4개입니다.
(2) 10개씩 묶음이 3개이므로 십의 자리 수는 3, 낱개 8개이므로 일의 자리 수는 8입니다.

**6** 10개씩 2묶음하고 낱개 1개가 남습니다.

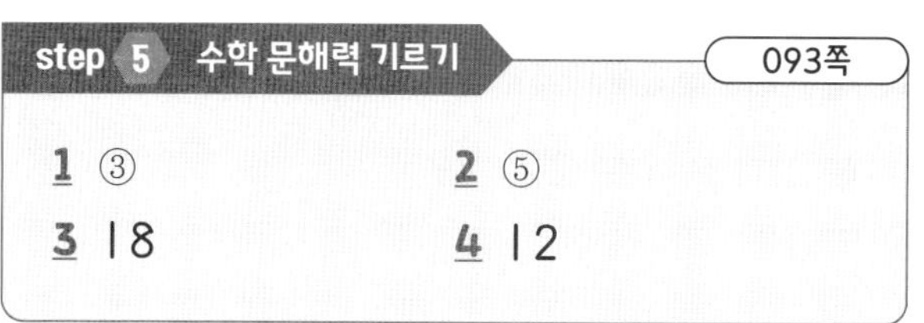


**1** 태극기에는 검은색, 흰색, 빨간색, 파란색이 들어갑니다.

**2** 태극기의 흰색은 밝음, 깨끗함, 순수함, 평화, 사랑을 뜻합니다.

**3** 태극기의 검은 막대의 수는 10개씩 1묶음, 낱개 8개입니다.

## 15 수의 크기 비교

### step 3 개념 연결 문제 096~097쪽

**1** (1)(3)(5)(7)(9)(11)(13)(15)(17)(19)(21)(23)(25) / (2)(4)(6)(8)(10)(12)(14)(16)(18)(20)(22)(24)

(27)(29)(31)(33)(35)(37)(39)(41)(43)(45)(47)(49) / (26)(28)(30)(32)(34)(36)(38)(40)(42)(44)(46)(48)(50)

**2** (1) 43, 45 (2) 38, 40
(3) 18, 38 (4) 1, 21

**3** (1) 21에 ○표 (2) 40에 ○표
(3) 49에 ○표 (4) 17에 ○표

**4** 18에 ○표, 41에 △표

**5** (1) 작습니다에 ○표 (2) 큽니다에 ○표

### step 4 도전 문제 097쪽

**6** 3, 11, 16, 22, 29

**7** 39

**2** (1) 44보다 1 작은 수는 일의 자리 수가 1 작은 43이고, 1 큰 수는 일의 자리 수가 1 큰 45입니다.
(2) 39보다 1 작은 수는 일의 자리 수가 1 작은 38이고, 1 큰 수는 일의 자리 수가 1 큰 40입니다.
(3) 28보다 10 작은 수는 십의 자리 수가 1 작은 18이고, 10 큰 수는 십의 자리 수가 1 큰 38입니다.
(4) 11보다 10 작은 수는 십의 자리 수가 1 작은 1이고, 10 큰 수는 십의 자리 수가 1 큰 21입니다.

**3** (1) 21이 19보다 십의 자리 수가 더 큽니다.
(2) 40이 32보다 십의 자리 수가 더 큽니다.
(3) 49와 44는 십의 자리 수가 같지만 49의 일의 자리 수가 더 큽니다.
(4) 13과 17은 십의 자리 수가 같지만 17의 일의 자리 수가 더 큽니다.

**5** 41의 십의 자리 수가 가장 크므로 41이 가장 큰 수입니다. 19와 18의 십의 자리 수가 1로 가장 작고 18의 일의 자리 수가 19의 일의 자리 수보다 작으므로 18이 가장 작은 수 입니다.

**6** 엘리베이터의 버튼이 눌러진 층의 숫자는 3, 11, 16, 22, 29입니다. 일의 자리 수밖에 없는 3이 가장 작은 수입니다. 십의 자리 수가 1인 11과 16 중에서 일의 자리 수가 더 작은 11이 더 작은 수입니다. 십의 자리 수가 2인 22와 29 중에서 일의 자리 수가 2인 22가 더 작은 수입니다.

**7** 10개씩 묶음이 3개, 낱개가 8개인 수는 38입니다. 38보다 큰 수 중에서 40보다 작은 수는 39밖에 없습니다.

### step 5 수학 문해력 기르기 099쪽

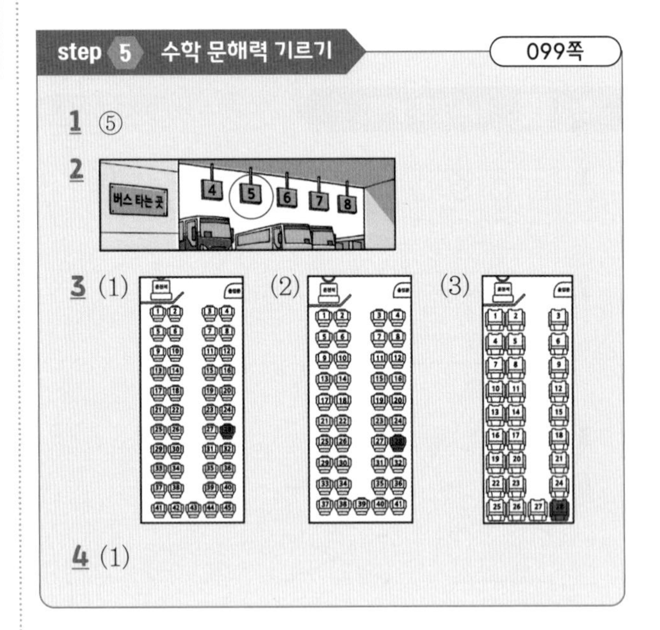


**1** 버스표에는 출발하는 날짜, 시각, 출발하는 곳, 도착하는 곳, 걸리는 시간, 버스 정류장 번호, 자리 번호가 나와 있습니다.

**2** 버스 타는 곳의 번호는 5번입니다.

**3** 타야 하는 버스 자리는 28번입니다.

**4** 각 버스는 운전자를 빼고 45명, 41명, 28명을 태울 수 있습니다.